東電被曝

二〇一一・黙示録

小笠原和彦
Ogasawara Kazuhiko

風媒社

東電被曝　二〇二〇・黙示録　目次

◉第一章——東葛地域からの報告

ホットスポットに甲状腺がんの子どもが三人

聞いた時には「まさか」と思いました。原発事故当初、松戸市に住んでいた知り合いから電話があり、「子どもが甲状腺ガンと診断された」と言うのです。いずれは東葛地域でも出るだろう…と思っていましたが、まさか身近なところで聞くとは思ってもみなかったのです。やはり、どこか他人事だったのかもしれません。

この文章を書いたのは松戸市議会議員の増田薫で、五二歳になる女性である。子どもは一九歳の長女と一六歳の長男がいる。東葛とは東葛飾の略で、松戸市、野田市、柏市、我孫子市、流山市、鎌ヶ谷市の六市をいう。

　東京電力福島第一原子力発電所の事故により、わたしが住んでいる東葛地域が二〇一一年三月一五日と二一日の二日間にわたって、放出された放射性物質によって汚染され、ホットスポットになった。そのことを二〇一一年六月一一日付の東京新聞の朝刊が次のように伝えている。


　　半減期三十年のセシウム137を見ると、茨城県南部や千葉県北西部の一帯が高く、福島県いわき市と変わらないレベルになっている。茨城県取手市と千葉県流山市では一平方《メートル》あたり約四万ベクレルを検出した。


　それを知ったとき、まさか自分が住んでいるところが、と思った。それはわたしだけでなく、この地域に住む多くの人たちがそう思ったにちがいない。福島県だけでなく、この地域でも子どもを連れてほかの地域に避難した人たちがいた。

　これより東電被曝の現実を探っていくことになるが、放射能となると科学的でむずかしい、といって尻込みをしてしまう人がいるはずだが、わたしは極力わかりやすく書くことを心がけ、中学生であれば読むことができる内容にしたい、と思っている。

　それではまずホットスポットについて説明しよう。放射性物質は、通常、汚染源から遠ざかれば遠ざかるほど線量は低くなるが、同じ距離にあるのに高い地域が存在し、これをホットスポットという。

二〇一一年一二月二八日、わたしが住む千葉県松戸市も「放射性物質汚染対処特措法」により「汚染状況重点調査地域」に指定された。「汚染状況重点調査地域」とは、年間の被曝線量が1ミリシーベルト以上の地域をいう。チェルノブイリであれば、汚染地域に該当し、避難の権利や検診が受けられる、そんな地域なのだ。

そんなことから、わたしもいずれ東葛地域で被曝者が出るだろう、と予想していた。しかし、原発の事故から六年の歳月が流れ、増田がいうように、いつしか、わたしも他人事のように思うようになっていたが、ついに甲状腺がんの子どもが出た。しかも三人である。特定非営利法人「3・11甲状腺がん子ども基金」によれば、千葉県内の二世帯に経済支援を行っている、という。つまり、松戸市に一名と千葉県内に二名出た、ということになる。

超音波による甲状腺エコー検査は、3・11の当時、一八歳以下だった子どもを対象に流山市を除く東葛地域の自治体によって実施されてきたが、増田によれば松戸市の場合、今年度（二〇一七年一〇月二〇日現在）、一三二人の予算枠に対して受診する子どもは、三一名しかいない、という。そうなったのは松戸市が市民に対してエコー検査があることを周知徹底していないからだ、というが、一名は自主検診で、二名は自治体の検査で甲状腺がんの子どもが出た。もし、県内全域で該当者全員を検査したら、三名どころではない。しかも子ども甲状腺がんの通常の発症率は、年間一〇〇万人に一人という学者と二人から三人という学者がいて、見解を異にしているが、いずれにしても、子どもが甲状腺がんになることは極めて少なく、そのことから大変な事態であることはまちがいない。

わたしが住んでいる松戸市に限っていえば、東京電力福島第一原子力発電所の事故発生時の人口は、約四八万人で、それぞれによって被曝線量の差はあっても、それだけの人数が現実に被曝した、ということになる。この中にはわたしの家族も入っている。孫の男の子は、子ども甲状腺がんの検査対象者だが、まだ検査をしていない。早急に検査をさせよう、とわたしは思っている。

こうなると他人事ではすまされない。東葛地域に住むわたしたちは、被曝の当事者なのだ。それを忘れてはいけない。放射線によって遺伝子が傷つき、やがて被曝二世が誕生する。さらに厄介なことは被曝に関する医学があまり進んでいないことと、研究者が少ないことである。医師については被曝した患者に対してどう処置していいのか、その研修が行われていない。そのため数少ない専門医に診てもらうしかない。これが現実である。

二〇一七年一一月八日、わたしは増田の自宅近くにあるレストランで増田と会った。彼女とは初対面ではなく、松戸市内で開催された市民集会で何度か顔を合わせ、おおよそだが、彼女の考え方を知っていた。レストランは高台の、住宅街の細い道を入ったところにひっそりと建っていた。場所は千葉県松戸市下矢切で、近くには矢切の渡しがある。江戸川を渡れば東京都になる。

唐突と思われるかも知れないが、ここでわたしは増田から友だちの子どもが甲状腺がんと診断されるまでの経過と母親の心境を聞き、それを書いた。そしてその原稿を増田に読んでもらい、増田がそれを母親に伝えると、子どもの名前や性を伏せて書いても、子どもの存在が知られてしまうので、書かないでくれといわれ、結局、書くことができなかった。最初からこれである。この先の取材が思いやられる。そういうことなので母親の話は削除した。

そのことによって話はスムーズに流れないが、まず甲状腺がんについて調べてみることにしよう。

甲状腺は、いわゆる「のどぼとけ」のすぐ下にある重さ10〜20g程度の小さな臓器で、全身の新陳代謝や成長の促進にかかわるホルモン（甲状腺ホルモン）を分泌している。

甲状腺の病気は、男性よりも女性に多く見られ、これらは腫瘍ができるもの（腫瘍症）とそうでないもの（非腫瘍症：甲状腺腫、バセドウ病、慢性甲状腺炎「橋本病」など）に分けられる。さらに甲状腺の腫瘍のうち大部分は「良性」で、がんではない。しかしながら、中には大きくなったり、ほかの臓器に広がる「悪性」の性質を示す腫瘍があり、これを甲状腺がんという。甲状腺がんでは、通常、しこり（結節）以外の症状はほとんどないが、違和感、痛み、飲み込みにくさ、声のかすれなどの症状が出てくることがある。このため、甲状腺の病気が甲状腺がんかどうかは、診察や検査をもとに詳しく調べていくことになる。

大人も含めて甲状腺がんは、年間、一〇万人に七人前後の割合で発症するとされている。組織の特徴（組織型）により、乳頭がん、濾胞《ろほう》がん、髄様がん、未分化がんに大きく分類される。また、甲状腺から発生するリンパ系のがんとして悪性リンパ腫を加えて分類される場合もある。これらは悪性度（広がりやすさ、ふえやすさ）、転移の起こりやすさなどにそれぞれ異なった特徴があり、治療費も大きく異なる。

増田薫がいう。

「一人が出たということは、もっといると思いますね」

増田もわたしと同じことを考えていた。

増田に会う四日前の一一月四日、京都精華大学名誉教授である山田國廣の出版を記念し、松戸市にある馬橋市民センターで反原発の集会がもたれ、わたしも増田もそれに参加し、その集会で配られたチラシには「福島 小児甲状腺がん190名に！」となっていた。甲状腺がんと診断された子どもとがんの疑いのある子どもの数である。事故当時一八歳以下か、事故から一年以内に生まれた約三七万人が対象だから、一九〇名は大変な数字である。

法定伝染病は届け出の義務はあるが、甲状腺がんはないので、個人で受診し、がんと診断されても公にしない場合もある。それを加えると、がん患者はさらに増える可能性がある。そのチラシには「二〇一三年一二月には、74人だったのが、四年間で190人に増加した」となっていて、大見出しに書かれた190の文字の上から二本線で193と訂正されていた。さらに三人増えた、ということとなる。

検査内容について放射線衛生学者で獨協医科大学准教授である木村真三が書いた『放射能汚染地図の今』（二〇一四年二月、講談社）にわかりやく書いてあるのでそれを引く。

検査内容は、まず一次検査として超音波（エコー）検査を行い、検査結果は、結節（しこり）と嚢胞《のうほう》（体液がたまった袋状のもの）の大きさによって、福島県独自の判断として次の四つに分類される。

①結節や嚢胞がなかったもの―A1（医学的な問題はない）
②小さな結節や嚢胞が見つかったもの―A2（5ミリ以下のしこり、もしくは20ミリ以下の嚢胞）
③大きな結節や嚢胞があった場合―B（5・1ミリ以上のしこり、もしくは20・1ミリ以上の嚢胞）
④甲状腺の状態から判断して、ただちに二次検査が必要な場合―C

ここでB判定またはC判定となった場合は、「二次検査」が行われる。二次検査では、問診と詳細な超音波検査に加えて、血液検査や尿検査によって甲状腺ホルモンの数値などを確認する。二次検査でさらに詳細な検査が必要とされた場合、細胞診（細い針を刺して細胞を採取し、その細胞を観察して良性か悪性かを判断すること）を行う。最終的に、甲状腺がんの疑いが強い場合は、手術をして甲状腺の一部または全部を摘出し、その組織が悪性であれば甲状腺がんと確定する。

福島県が発表した甲状腺がんのデータを分析した岡山大学大学院環境生命科学研究科教授の津田敏秀が、インターネット上に自身の見解をアップしているのでそれを引く。データの数字は、二〇一六年一二月二七日となっているので、分析した時期はチラシよりも前ということになる。

超音波エコーを用い、事故当時18歳以下であった福島県全県民を対象にした甲状腺検査の結果は、約3カ月毎に福島県から公表されてきた。2016年12月27日発表（2016年9月30日の集計）までに、183名（1巡目115名、2巡目68例）の甲状腺がんが検出された。簡単な疫学理論を用いて、その検出割合と年間１００万人に２～３人程度である未成年の甲状腺がんの教科書的な発生率とを比較分析すると、１巡目で甲状腺がんが検出されなかった相馬市周辺を除き、どの地域でも桁違い（20―50倍）の多発である。

このことに対し、福島県県民健康調査検討委員会は「甲状腺超音波エコーの精度が向上したこと等による過剰診断（スクリーニング効果）」だと主張し、津田が次のように反論している。

過剰では説明できないという決定的根拠は、私どもの論文（著者注 Epidemiology 誌の２０１６年5月号）にも引用したチェルノブイリの非曝露（著者注 放射線には曝されていない）集団・低曝露集団での経験がある。そこでは、計４７、２０３名の未成年での甲状腺検診で、甲状腺がんは全く検出されなかった。これがチェルノブイリ周辺での甲状腺がんの多発は過剰診断ではなく事故による多発であることが決着したデータである。

―中略―

また、検診で検出された甲状腺がん症例の92％が、がんの性格を示すリンパ節転移・遠隔転移・甲状腺外浸潤（著者注 次第におかして広がること）のいずれかが術後に判明したことも、過剰診断だけでは説明がつかない。

それと一回目の検査では検出されなかったが、二回目の検査で検出されている人がいるので、検討委員会の主張はまちがいである。

　過剰診断についてはこのぐらいにしておきたい。

「千葉県では何人が甲状腺がんの検査を受けたの？」

「ちょっとわからない」

と増田はいう。あとで松戸市役所へ行って受診者の数を聞いてみることにしよう。

　甲状腺がんの調査を民間でやっているところがないか、と増田にたずねると、茨城県守谷市に本部がある常総生活協同組合だという。

「甲状腺がんも大事な話だけど、被曝して鼻血が出たり、がんになった、というような話は聞かない？」

「生命保険の仕事をしていたとき、たった四〇人ぐらいの職員の中で、原因不明のめまいで、何日も休んだ人が、二人もいたんです。お客さんにも同じような症状の人がいて、一カ月入院し、やっと手続きにきた人もいて、三人とも原因がわからないんですよ。ほかのお客さんでも、帯状疱疹が二回目だ、というお客さんが少なくとも四人いたの」

　帯状疱疹とは身体の左右どちらかの一方にピリピリと刺すような痛みとこれに続いて、赤い斑点と小さな水ぶくれが帯状に現れる病気をいう。原因は身体の中に潜んでいるヘルペスウイルスの一種、水痘・帯状疱疹ウイルスによって起きるといわれている。増田は放射能の影響ではないか、という。生命保険会社は病気と密接な関係があり、増田は職業柄客の病状について関心があった、と思われる。

「ほかにありますか？」

「原発の事故があった二〇一一年、わたしが矢切小のＰＴＡの会長をやっていたとき、一年の間に、保護者が三人亡くなったんです。三人の葬式なんて初めてだって、けっこう長く在籍された先生がおっしゃったんです。一人は若いお父さん。この人は、めちゃめちゃアスリートで、３・11のときも関係なくずっと走っていたんですね。がんになり、半年で亡くなっちゃったんです」

異変は大人だけでなく、息子のクラスの子ども三人が鼻血を出した、という。

山田國廣が書いた『初期被曝の衝撃　その被害と全貌』（二〇一七年一一月、風媒社。一一一ページより引用）によれば、松戸市小根本での初期ピーク時の放射線量は一時間あたり１・７７２マイクロシーベルトもあった。小根本と増田が住んでいる矢切は三キロくらいしか離れていない。そのことも関係しているのかも知れない。

「それは小学校？」

「小学校。その子の親は、広島出身ということもあるのか、すぐに引っ越しちゃった。すごい鼻血だったというの。もう一人いましたよ。その人も岡山に引っ越しちゃった。近くに歌手の人がいて、その人のお子さんもすごい鼻血で心配していましたね」

二人の子どもとその家族は引っ越した、というのだ。

わたしは同じ松戸市に住んでいるが、そのようなことは見聞したことがない。びっくりする話ばかりである。しかし、同じようなことが『３・11後の子どもと健康』（二〇一七年七月、岩波書店）に書かれている。それは茨城県日立市の養護教諭を取材した記事で、それを引く。

子どもの体調に関して、二〇一一年から継続して観察しているのは、「疲労感を訴える子どもの増加」と「鼻血が出る子ども、鼻血が止まりにくい子どもの増加」の二つの現象である。また、二〇一四年から最近に至る傾向として、「低身長」や「痩せ」の増加が目立っているという。

その他にも、感染症にかかる子どもが多くなったり、一人の子どもが同時に複数の感染症に罹患したり、治癒までの期間が長引くなどの傾向も見られます。さらに近年、保健室を利用する子どもの傾向として、頭痛、偏頭痛、生理痛、脳貧血様症状の子どもも増えてきているという。

「これらを、すぐに原発事故による影響と結びつけるわけにはいかない」としているが、今後、取材をする上で記憶に留めておいたほうがよさそうだ。読みすごしがちだが、「低身長」の子や「痩せた」子が増えたという。これは大変なことだ。

「この前の集会にパネラーとして登場した関久雄さんの案内で二〇一三年一一月、放射能で汚染された飯館村へ行ったときに、男の子がなかなか産まれない、という話を関さんから聞いたことがあるんですよ」

わたしが増田に語る。

関だけでなく、同じ内容の投稿がインターネットにされていて、飯館村では男児の出生率が極端にへっている、というのだ。それによれば、二〇一一年一二月から二〇一三年の一月までの出生数は、女児三六人に対して男児は一八人しか産まれていない、という。

このことについてソ連、ウクライナ、ベラルーシなどから数多くの科学的・医学的・疫学的論文集を集め、チェルノブイリ事故によって起こった疾患と死亡例を膨大な記録にまとめたアレクセイ・ヤブロコフ博士は『終わりなき危機』（二〇一五年三月、ブックマン社）で次のように書いている。

チェルノブイリからの放射性降下物が、男女比の変化につながる可能性もある。北半球で生まれた男子の数は、事故後一〇〇万人が減少した。

この問題も大変なことなのだ。のちに飯舘村へ行って調べてみたい。

「これからは奇形の問題が出ると思うんだけど、中絶が増えた、というような話は聞いていない？」

これは極めて重要な話である。

「小平市にいた三田茂先生っていうお医者さんがいるんです。岡山に引っ越してしまったんですけど、その先生が、福島の仲間の先生から福島では妊婦が中絶をさせられているのが多い、と聞いているのね。中絶だとかはカウントされないわけですよ。奇形をエコーで見て、医師は中絶を促すのでほとんど産まれてこないっていうんだよね」

子どもの命が人知れず闇に葬られている、といっていい。奇形児のことについても今後調べてみたい。

三田茂という名前が出てきたのでインターネットで調べると、彼は自身が経営する医院のホームページを開設していて、それにはびっくりするようなことが書かれていた。

　２０１１年３・11の福島原子力発電所の事故による、首都圏、東日本住民の被曝への懸念に対応します。甲状腺超音波検査、血液検査を行います

そのあとに検査の曜日や時間が記され、次のようなことが書かれていた。

◆乳幼児は白血球の異常がみられることがしばしばあります。
◆白血球の異常は大人にも見られるようになってきました（２０１７年9月記）
◆30歳から50歳（お父さん、お母さん）には甲状腺エコーの異常が増えています
福島県では小児ではなく青年の甲状腺癌が多発しています
チェルノブイリでは子どもの甲状腺癌よりも大人のほうがおおかったのです
超音波の検査のみも可能です（６０００）
一度も検査を受けていない方はぜひいちど受けてください
◆高齢者も具合が悪い人が徐々に出てきています　ご家族皆さんの検査を勧めます

これぐらいにしておこう。要するに全世代が被曝している、ということになる。

三田茂は東京の小平市から岡山県に移住した理由をネットでこう話している。

「東京はもはや住み続ける場所ではない」「東京都民は被災地を哀れむ立場にはありません。なぜなら都民も同じく事故の犠牲者なのです。対処できる時間はわずかしか残されていません」

素人がいっているのではない。医師が検査に基づいて書いている。背筋が冷たくなる思いで、わたしはこの文書を引き写した。原発に賛成している都民も反対している都民もすべてが被曝した。それが事実だとすれば大変な事態である。

ホームページにも書かれているが、二〇一七年に行われた講演会で、三田は「福島県の小児の甲状腺がんは増えていない。青年の甲状腺がんは激増している」と語り、事実とは異なっている。いま書いている時点で小児甲状腺がんは一九三人もいるのだから、なぜ、小児甲状腺がんが増えていない、というのかがわからない。

元京都大学原子炉実験所の小出裕章は講演会でこういっている。

「福島県の東半分を中心にして宮城県南部、茨城県の南部・北部、さらに栃木県、群馬県の北半分、千葉県の北部、新潟県の一部、それから埼玉とか東京の一部、そういうところは放射線管理区域にしなければいけないほど汚れてしまった……」

小出は管理区域について次のように説明する。

「管理区域（著者注　京都大学原子炉実験所）に入ったら、水を飲むことも禁じられるんです。食べ物を食べることも禁じられます。もちろん、寝ることなど論外です。管理区域の中はトイレもありませんから、排せつもできません。要するに人が生きることができない、というのが放射線管理区域なんです」

公園内の線量を測定する

一一月一七日、松戸市議でラッパーのＤＥＬＩ《デリ》が、仲間と松戸市が管理する公園の放射線量を測定するというのでわたしも参加した。

増田薫もデリも無所属の市議会議員で、ともに二〇一四年一一月の市議会議員選挙で初当選を果たしている。市議会では同じ会派に所属し、被曝の問題に取り組んでいる。最近、このことを取り上げる市議は二人しかいなくなった、と増田はこぼした。市議たちの意識は、それこそ他人事になっていた。

九時半、参加者がデリの事務所の前に集合した。ラッパーのデリは丸坊主で、でっぷりとしていて、黒い八の字の髭をたくわえ、一見、強面に見えるが、話せば気のやさしい男である。彼は四二歳になるという。プロのミュージシャンで、音楽ソフト会社のエイベックスより、ミニアルバムとセカンドフルアルバムを発表している。

きょうは快晴で、寒くもなければ暑くもない。わたしを含めて六名で測定作業にあたる。わたしが最年長で、七二歳になる。六〇歳ぐらいの男性が一人とわたしと同年齢ぐらいの女性が二人いて、デリと同じ年齢ぐらいの女性が一人である。男女半々の構成となり、二台の車に分乗し、事務所の前を出発した。

最初に向かったのは幸谷ビオトープ公園で、一五分ぐらいでそこに到着した。わたしは車をおりて、さっそく公園全体を眺める。それは住宅街の中にあり、広さは一〇〇坪ぐらいである。ビオトープとは「生物が生息する場所」という意味で、なるほど園内に踏み入ると、池の形をした窪地があったが、水はまったくなかった。枯れた雑草があって、公園としては使われていないように見える。

公園の入口には、松戸市の公園緑地課が測定した「放射能線量測定値一覧表」の紙が貼ってある看板がたてられている。測定箇所が地形図に落とされ、その下に表があって、最初に測定した日付と検出された線量の数値が記入され、そのとなりには最新の計測した日付と線量の数値が記入されている。松戸市の場合、０・２３μsv／h（マイクロシーベルト／時）以上であれば、除染をすることになっている。

今後、「シーベルト」と「ベクレル」という単位がたびたび出てくるのでインターネットで意味を調べてみた。「シーベルト」とは、放射線を浴びたときの人体への影響を表す単位とある。正確さを欠くが、ダメージといったら、わかりやすいかも知れない。「ベクレル」とは放射性物質の量を表す単位とある。これもわかりやすくいうと、放射性物質の濃度といっていいのかも知れない。

デリによれば、松戸市が管理するこのような公園は四〇〇箇所ぐらいがあって、すでに三五〇箇所の測定が終わり、まもなく、すべての測定は終了するという。測定の結果は、デリが自身のホームページで発表している。０・２３μsv／ｈを超える放射線量のスポットについては、市の公園緑地課が除染することになっている、というのだ。

本日は一四箇所を予定し、一〇時に計測作業を開始する。公園はすべて住宅街の中で、わたしの自宅から五キロ以内にある。

わたしは、リーダーと思われる白いあご鬚をはやした木村から放射能検知器と放射能除けの特殊なマスクを手渡された。放射能検知器の形状は、ゴルフクラブを想像していただければいい。シャフトの先に黒い放射能検知器がついていて、線量の数値が小さな四角いディスプレーに表示される。検知器が放射線量の高いところに近づくと赤い光が点滅し、見た感じでは精度の高い線量計のようである。

デリはノート型パソコンのような、「ホットスポットファインダー」という機械を肩にかけ、写生でもするような格好で公園内を歩きまわり、地表から五〇センチの高さの空間線量を計測し、それを公園の地形図に落としていく作業をやっている。この機械が高価で、一六〇万円もするという。測定では欠かせない測定器で、市議の政務活動費で購入した、という。

全員が放射能検知器を使って、公園内を隈なく測定する。線量の高い場所が見つかれば、その土をビニール袋に採取する。

木村によれば、雨水がたまるような場所に放射能が蓄積されている、という。それを「環境濃縮」という。わたしもみんなといっしょに測定したが、この公園では０・２３マイクロシーベルト以上の箇所は見つからなかった。

すぐに車にのって移動し、次は松戸市幸谷にある曹洞宗福昌寺の境内を測定する。ここは松戸市が管理する公園ではないが、境内が子どもの遊び場になっているのでデリたちは、測定の対象にしていた。これまでとはちがい、ここは樹木が多い。測定すると、鐘つき堂近くにあるイチョウの木の下で、毎時、０・２９マイクロシーベルトが検出された。基準値を超えているので、ここは除染の対象となる。その場所に放射能検知器をおき、数値をキャメラで撮影し、そこの土壌を採取し、ビニール袋に入れ、市民測定所でその線量を測定する。これが手順となっている。

わたしたちの作業は終わったが、デリが車内でパソコンに向かい、測定結果をホームページに書き込む。それが終わり、ここを出発する。その繰り返しとなった。

次は松戸市二ッ木にあるあかつき公園である。震災後につくられた、一〇〇坪に満たない小さな公園で、計測してみるとどこも大体、一時間あたり０・０５マイクロシーベルトである。この数字の低さによって、逆にほかの地域がいかに福島第一原発の事故によって汚染されたかが、よくわかる。

すぐに次の公園へ移動する。これまでは小さな公園だったが、閑静な住宅街にある、公園らしい公園にやってきた。小金上総町にある山王公園である。その公園はインターネットにも出ていて、広さは二七九八平方メートル（八四六坪）で、開園が昭和四二年になっている。公園の中央は０・０５マイクロシーベルトで問題はなかったが、公園内の神社の社の裏は、０・４２マイクロシーベルトを記録、雨どいの下は、０・３４といずれも０・２３マイクロシーベルトを超えていた。ここは通路になっていて、子どもがここで遊んでもおかしくはない。早々に、除染すべき場所が見つかった。

新松戸駅前の公園を最後に午前中の測定が終わる。車で移動し、中華料理屋へ入り、昼食となった。

昼食を終え、午後の測定が始まった。

次の大倉緑地公園で、母親と思われる高梨がチラシを手に二歳ぐらいの子どもを連れた二人の母親に対して説明する。二人の子どもが公園の砂の上にすわり、手でそれをいじくって遊んでいる。ここが放射性物質で汚染されていれば、子どもたちは確実に被曝するのだ。

「除染の基準は、超えていないんですけど、少し高めなので、除染されたところで遊ばせてあげるといい、と思います。公園の中央とか」

高梨が丁寧に若い母親たちにアドバイスをする。

高梨に代わってデリがいった。

「雨水が流れ込んでいくようなところは、溜まっちゃうんですよ。そっちのほうが高いのは、雨水のためだと思うんですよ」

二人の母親が、デリの話を真剣に聴いていた。

次に北小金駅前にある寺台緑地公園へ行った。細長い公園で、広さは一〇〇坪ぐらいである。すぐに測定にとりかかる。わたしが物置のそばに敷かれている汚れた絨緞の上を測定すると、放射線量は0・38マイクロシーベルトもあった。

三時二〇分、予定していたすべての測定が終了した。公園は除染されているにもかかわらず、除染の基準となっている０・２３マイクロシーベルトを超す汚染されたスポットがいくつもあった。デリの書いたチラシによれば、一カ月前の一〇月、公営団地の近くにある常盤平公園では、地上五〇センチの高さで計測し、最大値で０・７３２マイクロシーベルトのスポットがあった、という。

被曝の問題は、みんなの問題

現地で高梨と別れ、五人は事務所の前に戻り、ここで解散し、わたしはデリの案内で事務所の中に入る。マンションの一階が彼の事務所になっていて、広さは六畳ほどである。

ここでわたしは増田薫とのやりとりを書いた原稿をデリに読んでもらった。デリは五分ほどかけて読み終わり、原稿から顔を上げていった。

「甲状腺がんが、一九三人ですか。一五〇万人に一人だったら、まったく多いです」

というが、一〇〇万人に一人でも多い。一人の医師が、生涯で一人の甲状腺がんの子どもを見つけることはほとんどない、といわれ、小児甲状腺がんはそれほど少ない。

「受診者のことですが、行政が強制するのはよくないので、自主的に受診させたんでしょう」

わたしがいう。

「そうですね。福島県では、みんなに報せ、北茨城市は、該当する全戸にはがきを出しているんですけど、松戸市や柏市は、ホームページでお報せをしているぐらいなんです」

受診の申し込みが少ないのは、告知が徹底されていないからだ、とデリと増田は市議会で執行部を追及している。しかし、わたしはそれだけではない、と思っている。自分の子どもが、がんであることを知りたくないので、受診させない、ということも考えられる。それと受診料である。デリによれば、市から三〇〇〇円の助成があって、自己負担は四三七〇円だという。

「それでも高い、という人はいっぱいいいるんですよ」

格差社会である日本では、その金を出せない人がいる。市がひとまず負担し、原因をつくった東京電力に請求すればいい。それは当然のことである。

松戸市は年間で一〇〇人ぐらいしか受診できないような制度設計をしているので、意図的に周知徹底をしない、とデリはいう。多数の人たちが受診するとなると、それに見合う数の医師を市は用意しなければならない。先にもふれたように専門医が少ないので、どこかの機関が医師に対して研修をやる必要がありそうである。

「被曝して病気になる人の数は、統計上、線量の高いところが多い、といわれているんですけど、病気になった人の重篤度は、放射線量の高いところと低いところは、相関性がない、といわれているんです。たばこでも一〇〇万本を吸ったからといって、全員が肺がんになるわけじゃないですから。個人差があるんで、一概に都民全員が被曝している、というのもちょっと極端ないい方かな、という印象はぼくにあるんです」

デリが医師の三田を批判するようなことを話したが、三田を念頭において発言したわけではない。

デリが話を続ける。

「きょういっしょに計測されたから、わかると思うんですけど、同じ公園の中で、百倍くらいの濃淡の差があるんですよね」

確かにそれはあった。

「そうなると汚染の度合いを平均値で判断するのはおかしいよね」

「全体としては、それほどではないにしても、たまたまそこに高濃度の汚染されたところがあって、さわっちゃえば被曝するわけですよ」

そしてデリが話をまとめる。

「ぼくらは、公園とか市が管理しているところは、自由に測れますけど、私有地は測れないんで、松戸市全体がどれぐらいの線量なんだ、といわれたら、平均値しかいうことができないと思うんです。ぼくらが、これまで測った中には、福島よりも局地的に線量の高い地点がある。そのことによって、リスクが松戸市民全員にあるかっていうと、そうじゃない。松戸市民が、一生そこへは行かないかも知れないからです」

測定の実践者だから、このようなことがいえる。

「デリさんは、なぜ、市議選に立候補したんですか?」

わたしがたずねた。

「きっかけは、原発の事故なんです。もともとヒップホップって、カウンターカルチャー（著者注　既存の文化あるいは主流の体制的な文化に対抗する文化）なんで、わりと世の中をうがった見方で見て、世の中の出来事を曲にしたりして、メッセージにすることが多いんですね。ぼくもラッパーなんで、そういう視点を持っていたんですけど、日本の場合、もっと正常に社会が機能しているとぼくは思っていたんです」

ところが実際はそうではなかった。デリは、原発事故のあと原発反対のデモに参加し、「この国はヤバイ。オレたちは、大人たちに任せすぎた」と思うようになり、福島県で放射線量の高い地域に住んでいる人たちの避難先を探す、といった活動を始めるようになる。デリの仲間には、俳優だった参議院議員の山本太郎や二〇一三年七月に実施された参議院議員選挙で、緑の党から出馬し、インターネットを駆使して一七万六九七〇票を獲得した三宅洋平もいる、という。

「ぼくは、ちょっと地元のことをやりたいな、と思って、二〇一四年の市議会議員の選挙に立候補したんですよね」

「どんな選挙をやったんですか」

「名前は英語のデリですし、それこそ、たすきもかけないし、電話かけもやんないし、はがきも出さないし……。ぼくが本当にやったのは、駅前でライブして、計測の結果を公園にいるママさんに見せ、放射能のリスクを語りかけ、ぼくが議員になってからも計測を続け、松戸市の公園を全部、測って可視化します、と公約したんです」

デリとはデリバリーを語源にし、音楽を届ける、という意味だという。

当選を果たしたデリは、公約を守り、三年以上の歳月をかけ、まもなく、すべての公園の測定が終わる。議員で公約を守る人は、そんなにはいない。しかも自らが測定をやっている。同僚の議員から、それは議員のやるべき仕事ではない、といわれている、というのだ。

「測定してわかってきたことはなんですか？」

「ぼくがＳＮＳで高い放射能の数値をアップすると、外部の人から、やっぱり、松戸は高いんだ、松戸は危ないんだ、と一括りにされちゃいますけど、さっきもいったように同じ公園でも、一〇〇倍の濃淡があって、一括りにはできないんです。松戸市自体が危ない、という考えではなくて、リスクをなくしていくことから、まず始めないと何も始まらないじゃないですか」

「除染をしていくということですね」

「はい。だって全員が引っ越すわけにはいかないですからね」

会津地方を除く福島の場合、実体を把握したら、除染しても住めないと思うが、松戸の場合は除染をすれば、住めるというのだ。

しかし、現実に松戸市では子どもの甲状腺がんの患者を一人出している。東京都小平市に住む医師の三田は、「東京は住み続ける場所ではない」といっている。その現実を前にして、どうするかである。そしてデリは最後にこういった。

「被曝の問題って環境の問題だから、イデオロギーとか、それぞれの立場を超越していると思うんです」

「なるほど、みんなの問題だというんですね」

「そうです」

自治を問う

　わたしは松戸市役所の考えを知りたくなり、一一月二四日、子ども甲状腺がんの検査を主管する健康推進課を訪ねた。窓口で一般職員に用件を伝え、きちんとこちらの質問に答えられる管理職の職員を呼んでほしい、と頼むと、職員は引き下がり、奥から中年の女性が出てきて、わたしとカウンターで名刺交換となった。出てきたのは健康推進課指導監の竹次《たけなみ》京子である。竹次がもう一人呼んでもいいか、というので、どうぞ、というと、部屋の奥から出てきたのは、やはり中年の女性職員である。

　竹次から個室に案内され、そこで取材となった。わたしの前に二人が並ぶ。

「そんなにむずかしいことを聞くわけじゃないんです」

　わたしが切り出し、自分は松戸市民で、物書きであることを二人に告げた。

「吉村と申します。よろしくお願いいたします」

　もう一人の女性が、名刺を差し出す。彼女の肩書きは、健康推進班長　栄養士長で、名前は吉村雅子という。名刺から判断し、吉村は竹次の部下と考えられ、竹次は補佐として呼んだ。わたしが取材を始める。

「甲状腺がんについて、八項目にわたっておたずねしたいということです。千葉県下で甲状腺がんになった子どもが、何人いるか、ということを役所は把握されていますか？」

　わたしは用意してきたペーパーを読み上げた。

「いますぐに答えられませんけど、調べていけば、簡単なものは把握していると思います。ごめんなさい。直接、わたくしが、すぐに何人です、ということはいえなくて申し訳ありません」

「何人ぐらいだと思います？」

わたしがたずね、竹次が持参した大量の書類をめくり、わたしは竹次が答えるのをじっと待った。子どもの甲状腺がんについては健康推進課が主管しているので、それぐらいのことは把握していると思い、わたしはたずねたが、竹次はすぐに答えられなかった。

「じゃあ、こちらからいいますけど、『特定非営利法人３・11甲状腺がん子ども基金』っていうのがありまして、ここが甲状腺がんの子どもを持つ、千葉県下の二世帯に対して支援をしているんですよ。そのほかにもう一人、甲状腺がんの子どもが松戸にいたんです。これは把握していないですか？」

「いまの段階では、はい」と竹次は申し訳なさそうな顔をする。

市議の増田薫は情報を得ていたが、役所の竹次京子は得ていなかった。増田の知人が受けたのは役所の検査ではないので、知らなくても仕方のない側面はあるにしても、健康推進課にとって、もっとも重要な情報である。それなのに知らない。これは松戸市だけのことだろうか。ここで竹次が反論してくる。

「震災による、放射線によって、発症した、震災じゃなくても、一般的な、罹患率というところで、発症している」

わかりづらい話し方だが、竹次がいいたいのは、甲状腺がんになったのは原発の事故でない場合もある、というのだ。原発を推進する側がいいそうなことである。

「罹患率っていうのは、どれぐらいで、とっているんですか、役所は？」

わたしは罹患率について、病気に罹る確率と解釈し、それに基づいてたずねた。子どもの甲状腺がんについては、先ほどもふれたように一〇〇万人に一人、ないしは二人から三人といわれ、子どもの甲状腺がんの罹患率は極めて低い。

「ごめんなさい。ちょっと細かいデータがなくて、すぐに竹次が答えることができなくて、突然だったのでごめんなさい。ちょっと、また、日を改めて取材していただけたら、ありがたいんですが」

竹次が申し出る。ここでわたしは、仕方なく質問を変えた。

「福島県で甲状腺のがんだと判断された人と疑いがある人、何人かという情報は得ていますか？」

竹次京子がまた、懸命に資料を繰る。となりにすわっている吉村雅子も知らないようだ。さっきからずっと黙ってわたしと竹次のやりとりを聴いている。わたしは探し終わるのをじっと待った。

竹次は独り言をいいながら懸命に資料を繰った。

「それはあとで調べますか？」

いつまでたっても、埒《らち》があかないのでわたしはそういった。

「はい。ちょっと確認させていただきます」

竹次はほっとした表情で資料を繰る手を止めた。

「平成二六年度から松戸市は、甲状腺エコー検査をやっていますね」

「はい」

「これまで何人が受診したか、これならわかるでしょう」

「これはわかります」竹次が資料を繰る。「平成二六年度が、一四七人。二七年度は、一〇九名、二八年度は、六六名が受診しました」

　松戸市は東葛地区でもっとも人口が多く、最初にエコー検査を実施している。それなのに合計で三二二人しか受診していない。そして、年々、受診者が減少している。理由としては周知が徹底していないことと市民の関心がしだいに薄れた、と考えられる。増田やわたしがそうであったように、福島第一原発の事故は、歳月がたつにつれ、他人事のように思うようになった。

　増田の知人のように、役所が行うエコー検査ではない、病院で検査を受けた人もいるはずだが、それにしても受診者が少ない。それなのに、他市で二名、合わせて三名の甲状腺がんの子どもが出た。これをどう考えるかである。「3・11甲状腺がん子ども基金」は、子どもの身元が割れるのを恐れて千葉県内としているが、二名はホットスポットとなった、東葛地域の可能性は強い。だから、わたしは取材を始めた。わたしがいう。

「増田議員がチラシの中で、検査をやることについて周知徹底されていないんだと。デリさんによれば、北茨城市は、該当者にはがきを送っているけど、松戸市はホームページと広報しかやっていないと」

「はい」と竹次が頷く。

「わたしもデリさんといっしょに、公園の放射線量を測りに行ったわけです。そこにいた近所の奥さんに聞いてみたら、松戸市が子ども甲状腺がんの検査をやっていることは知らない、というわけ。

広報は新聞をとっていなければ、情報は入らないわけですよね」

因みに「広報まつど」は新聞に折り込まれてくる。

「あと希望者の方には、お送りさせていただいております」

市は広報を希望する人に対しては郵送している、という。だが、現実にそのような人はいるのだろうか。それに若い人の活字離れが進み、新聞を読まなくなった。また、日本は格差社会で新聞を購読できなくなった人やパソコンを買えない人もいる。

「広報とホームページでは不十分と」竹次がいう。

「そう、そう。北茨城市では、該当者にはがきを出しているんだって。松戸市は何でそういう手間をかけないいんですか！」

わたしの言葉が尖った。

「う〜ん……」

竹次がしばらく考え、子どもの甲状腺検査についてこういった。

「これはどういう考え方をするかというのは、考え方の差もあると思うんですけど、基本的には不安の軽減をするためにやるので、広報をすることによって、不安を煽るってこともあるんじゃないかというところとか、不安のある方に対しての一応の検査だということで」

これが竹次京子の回答であり、同時に松戸市の考え方である。広報をすることによって不安を煽る、というのだ。実はこれが本音で、松戸市はエコー検査を本当はやりたくない。ただ、市民の要望があれば検討をすることもある、と竹次はいう。やりたくない理由がもう一つある。役所は厄介な問題を抱え込みたくないからだ。わたしは野田市役所に勤めたことがあるので、役所の職員の気持ちがよくわかる。

「それなら健康推進課って、何のためにあるんですか？」

わたしが竹次の顔を見てたずねた。このことは、ぜひたずねてみたい、と思っていたことである。

「けん、……、それはもちろん、健康でいていただくために」

「そのためだったら、周知徹底したらいいじゃないですか」

「……」

「そうじゃないの！」わたしが強い口調でいった。

「そういう考え方もあると思います」

そして竹次京子が反論した。

「心配のない方に対して、わざわざやってくださいっていう姿勢ではないんですね」

竹次は、先ほど同じように市の基本的な考え方をいった。

増田からもらった資料によれば、小児甲状腺がんの検診に関して東葛地域の先進市は野田市だが、甲状腺のエコー検査を始めたのは松戸市よりも遅く、昨年からで、松戸市の年間の検査予算が三九万六〇〇〇円に対して、野田市は三五〇万円を計上している。自己負担額は松戸市が検査と結果説明と合わせて四三七〇円に対して、野田市は三〇六〇円となっている。松戸市は受診者が一律に負担するが、野田市は非課税・生活保護世帯に対しては一〇六〇円と安い。野田市の周知方法は、広報とホームページのほかに対象者全員に資料を配布している。二市の間にこれだけのちがいがある。

原発は国策であり、それが事故を起こしたのだから、検査費用は無料にすべきで、費用を徴収するほうがまちがっている。

「国は原発を推進しようとしているから、役所も追随しているだけの話でしょう」

「はい」と竹次が素直に認める。

「そうしたら、自治っていらないじゃない。自治ってどうやって考えているの」

「自治……国のいいなりにならないってことですか」

辞書で調べると自治とは、自分や自分たちに関することを自らの責任において処理することとある。竹次は自治の意味を知っていた。それなのに国の方針で仕事をやろうとしている。

最後にわたしのいっていることが、いかに大事であるかを知ってもらうために増田が書いたチラシを二人に見せた。竹次のとなりでやりとりを聴いていた吉村雅子が口を開く。

「あっ、このお話ですね。これ、以前に松戸市に住んでいた方で、九月の議会のときにお話を聞きました。ちゃんと把握できなくてすみません」

吉村はそのことを知っていたが、それを上司と思われる竹次に伝えていなかった。一体、松戸市役所はどんな組織だ、と思ってしまう。


一一月二八日の正午頃、竹次からわたしの自宅に電話があった。近隣市でも二人の甲状腺がんの子どもが出たことについて把握していない、という。ということは「特定非営利法人3・11甲状腺子ども基金」は、その情報を関係する自治体に伝えていない、ということになる。子どものプライバシーを配慮してのことだと思うが、伝えたほうがいい、とわたしは思う。松戸市のように検査を縮小する方向に進むからだ。

その後、松戸市以外の東葛地域で二〇一六年（平成二八）までに何人の受診者がいたか電話で各市の担当課に問い合わせてみると、野田市は二〇一六年に実施し、五九四人がエコー検査を受けている。先進市だけに人口比率からいっても東葛地域で一番多い。柏市は二〇一五年が七五四人で、翌年は一四九名である。我孫子市は二〇一六年に実施し、一一人と少ないが、エコー検査のほかに血液検査も実施している。鎌ヶ谷市に問い合わせると、市の方針で公表できない、という。ほかの市はホームページで公表しているのに公表できない、というのだ。これには唖然とした。ただ、数としては少ないという。つくばエクスプレスの開通にともない大規模な区画整理が行われている流山市では、甲状腺がんの子どもが出ると地価が下がる、という理由でエコー検査はやっていない。子どもの健康や命よりも金が優先し、鎌ヶ谷市よりもたちが悪い。ともかく二〇一六年までに東葛地域でおおよそ一八三二人ぐらいしか検査を受けていないのに二人の甲状腺がんの子どもが出た。さらに個人的に検査を受けた人を加えると三人になる。これは明らかに尋常ではない。

わたしは孫に子ども甲状腺がんの検診を受けさせるために申し込み用紙をもらいに松戸市の健康推進課を訪ね、職員が出した市発行のチラシを見て怒りを覚えた。それには次のようなことが書かれていた。

福島第一原発事故による放射性ヨウ素の初期被ばくについては、「松戸市での被ばく線量は少なく、甲状腺の影響は極めて低い」というのが大方の専門家の意見のため、医学的見地から検査の必要性を見出すのは難しいと考えています。

何をもって被ばく線量が低い、というのだ。松戸市も国から「放射性物質汚染対処特措法」によって「汚染状況重点調査地域」に指定されている。松戸市の中心街にある小根本では1・772マイクロシーベルトの放射線が検出されている。それなのに検査の必要性を見出すのは難しい、というのだ。

そして市は健康な人でも五〇％の方は「所見あり」となる、と書いている。要するに心配しないでいい、というのだ。そしてこう書いた。

今回の検査は現在の甲状腺の状態を知るためのもので、原発事故における放射線の影響との関連性を評価するものではありません。

ここで増田薫からびっくりするような話がわたしにもたらされた。小児甲状腺がんの検査を受けた長女が市の検査でB判定とされた、という。五・一㎜以上の結節が認められた、というのだ。そのあと二名の医師に診てもらい、甲状腺がんでないことがわかった。それはよかったが、もし、娘が甲状腺がんであったとしたら、増田は公表するだろうか。それとも友だちと同じように拒否するか、機会があったら増田から聴いてみたい。

◉第二章――飯舘村からの報告（その一）

写真家、安齋徹七一歳

私の娘、あの子はほかの子とはちがうんです。大きくなったら私にたずねるでしょう。「どうして私はみんなとちがうの？」

娘は、生まれたとき赤ちゃんではなかった。生きている袋でした。からだの穴という穴がふさがり、開いていたのはわずかに両目だけでした。カルテにはこう書かれています。「女児。多数の複合異常を伴う。肛門無形成、膣無形成、左腎無形成」。これは医学用語ですが、ふつうでいえば、おしっこもうんちもでるところがなく、腎臓が一個だけ。私は生後二日目の娘を抱いて手術室につれていきました。生まれて二日目。娘は小さな目をあけて、にっこり笑ったようでした。最初、私は思ったんです。この子は泣きだしたいだろうにと。ああ、神さま、この子はほほえんだのです。

わたしは膝の上に本をおき、顔を上げ、電車の車窓に目をやり、流れる景色を呆然と眺めた。いま読んでいたのは、チェルノブイリの事故に関係した人たちからの聞き書きをした『チェルノブイリの祈り——未来の物語』（二〇一一年六月、岩波現代文庫）である。友だちの沓沢大三に薦められてすぐに買った。作者のスベトラーナ・アレクシエービッチは、この本でノーベル文学賞を受賞している。

一九八六年四月二六日に起きたチェルノブイリの原発事故は、われわれにとって他人事ではない。そこで起きたことは近い将来、日本でも起きる可能性は十分にある。現に福島県では一九三人の子どもが、甲状腺がんやその疑いを持たれている。アワープラネットTV（非営利独立系メディア）を主宰する白石草によれば、甲状腺がんの予備軍と考えられる経過観察の子どもたちが二一五一名もいる。今後どうなるかと思うと気分は重い。罪のない子どもは何としてでも病気にはさせたくない。

月日が流れるのは早い。年が明け、瞬く間に三月一五日となった。

わたしは五時二四分発の電車で北小金駅を発ち、鈍行の電車で福島駅へ向かっている。経費のことを考えると新幹線は使えない。

きょうはひどく暖かい日で、セーターの上に薄手のジャンパーをひっかけて家を出てきた。電車は北へ向かって走っている。早いもので原発の事故から七年目に入る。

きょう会うのは安齋徹、七一歳である。彼は飯舘村に住んでいたが、原発の事故により福島市のとなり、伊達市にある仮設住宅に住んでいる。昨年、松戸市馬橋の公民館で開催された反原発の集会で「自分は原発事故により、被曝し、髪の毛がばっさりと抜けた」といっていたので会うことを決めた。

安齋は著明な写真家の福島菊次郎の薦めで、原発事故に関連する写真を撮るようになり、二〇一四年頃から、反原発の人たちによって彼の写真展が開催され、講師として反原発の集会に呼ばれるようになった。のちに知ったことだが、国際環境保護団体のグリーンピースの取材を受けている。

安斉の人となりがインターネットで紹介されている。それによれば、父親は飯舘村で山菜採り、キノコ採り、炭焼きなどで生業を立ててきたが、それでは生活が立ち行かなくなり、県外の建設現場へ出稼ぎに行くようになった、とある。息子の安齋徹も重機の運転手として伊豆や東京方面に出稼ぎに行ったが、安定した生活を求め、生まれ育った飯舘村で農業を始めた、という。安齋は出稼ぎにより、婚期を逃し、独身、とインターネットの記事ではなっていた。

安齋と落ち合う場所は福島駅改札口で、正午となっている。安齋が車で迎えにきてくれるというのだ。取材は仮設住宅でやることになっていて、話すことがたくさんあるので十分時間をとってくれ、といわれている。帰りは福島駅発、五時一二分に出る新宿行きの高速バスを予定し、時間に余裕がないことと安齋が独身であることから、昼食は家内の手作り弁当を用意してきた。少々、貧乏くさいが、これがわたしの流儀である。

電車は定刻に福島駅に到着したが、改札口に安齋はいなかった。携帯電話で東口にいると伝えると、西口の改札口で待っている、という。彼は新幹線でくると思っていたのだ。すぐに西口にまわり、安齋に会った。わたしは白髪で、年相応の老け方をしているが、安齋は髪の毛が黒く、同じ年齢の人と比べて量が多い。とても髪の毛がばっさりと抜けたようには思えない。それと年齢よりもずっと若く見えた。

「家内もいっしょなんですよ」

と安齋がいった。「えっ！」とわたしは思わず声を上げた。七一歳になる安齋徹は結婚していた。ネットの記事からすれば、つい最近、結婚したことになる。わたしは一瞬、「まずい」と思った。二人分の弁当しか用意してこなかったからだ。だが、そんなことよりも、わたしは被曝のことを安齋から聞こうとしている。新婚の妻がそばにいては、とても聞きづらい。わたしは予期せぬ出来事にひどく慌てた。また、このことを書くべきか、どうかでひどく迷ったが、考えあぐんだ末、事実なので書くことにした。

ほどなく、妻が現れた。わたしはぎこちなく頭を下げたが、気まずさがあって、まともに奥さんの顔は見られなかった。ちらっと見ただけで、マスクをかけていることしかわからなかった。

「弁当をつくってきたんですか、二人分しかなくて」とわたしがすまなそうにいう。

「妻はご飯を食べませんから」

ひょっとすると、わたしは思った。

駅前の駐車場で車にのる。十人乗りの大型のワゴン車である。その車にのって伊達市にある仮設住宅に向かう。近くには阿武隈川が流れている。

「確か、このあたりは線量の高い渡利地区ですよね」

「そうだね」安齋が頷く。

ここには二本松市に住む詩人の関久雄の案内で二〇一三年一一月にきたことがある。放射性物質によって住宅地が汚染され、自主的に避難した人たちがここにはいた。

ほどなく伊達市伏黒にある仮設住宅についた。手作り風の茶色の小さな住宅が、公園のような場所に整然と並んでいる。安齋から居間に通され、わたしは畳の上にすわった。手前が四畳半の部屋で、奥が六畳間になっている。仕切りがあって、反対側にはトイレ、風呂場、キッチンなどがある。これが仮設住宅の間取りで、一棟に二世帯が住むようになっている。それが五八戸ある、というのだ。

時間に余裕がないので、急いで昼食を済ませ、すぐに取材を始めた。

「カメラは昔からやっていたんですか？」

「イタズラでやっていたんです。でも、原発事故が起きて一年ぐらいは被災地の写真は撮れなかったの」

「何で撮れなかったんですか？」

「シャッターを押せなかった」

安齋は三月二九日より五月末まで、重機を使い、相馬市北部にある相馬港で遺体の捜索に従事し、ジャーナリストでも踏み込むことのできない現場で働き、捜索を始めた最初の日に津波で流されて亡くなった老女を発見する。安齋にはスクープ写真を撮るチャンスは何度もあったが、ついにシャッターは切れなかった。そして、震災後、最初に撮った写真は、二〇一三年八月山口県にある祝島へ保養に行き、そこですごす三〇人の飯舘村の子どもたちである。

「被災地が撮れないということは、正しいことじゃないですか」

「うん、ねぇ」と安齋が頷く。安齋の話が続く。

「あの頃、日曜日に東京から親子できてさァ、大きな船が打ち上がっているわけだ。そこでこれだよ」

安齋が指を二本立てて、わたしにピースの格好をして見せる。

「地元の人は、家族の遺体が見つからないのに他所者はピースをやっている。あと、泥棒。地元の人です、といって、漁師さんのワイヤーとか、網とかを持って行く人がいるんです」

「外国人といわれたことがあるんでしょう。日本人ですか?」

「日本人」

その後、安齋は保養のため山口県へ行き、写真家の那須圭子に連れられ、著明な写真家の福島菊次郎と出会う。

「安齋さん、カメラやるんでしょうっていうから、へたですけどというと、へた、上手、そんなのは関係ないと。三〇年、四〇年後に生きてくるから何でも撮れと」

そういわれ、安齋は写真を撮るようになったが、福島菊次郎はそれから二年後ぐらいに亡くなった、という。調べてみると、二〇一五年九月二四日、山口県で死去している。享年九四歳であった。

福島は一〇年の長きにわたって広島の被爆者を撮り続け『ピカドン　ある原爆被災者の記録』という写真史に残る衝撃的な作品を世に残した。

「いただいた名刺には『福島から山口へ子ども保養プロジェクトの会』と書かれていますが、どんな経緯があって、いつから祝島へ行くようになったんですか？」

「（原発の事故があったすぐあとに）飯舘村小宮地区にある野手神の伊藤さんのところに今中先生とか、大学の研究者が集まって放射能の調査をやったんです。そのときに那須さんがきていて、そこで知り合ったんです」

公的資料によれば、その日は三月二九日で、安齋はいち早く、反原発運動の行動を起こしていた。その後、那須が福島を訪れ、安齋が原町や桜の名所である福島市の花見山を案内し、那須から反原発運動をやっている祝島へきてください、と誘われたという。

那須圭子をインターネットで調べると、次のように書かれていた。

一九九四年、報道写真家・福島菊次郎氏からバトンタッチされる形で原発反対運動を撮り始める。写真集『中電さん、さようなら―山口県祝島　原発とたたかう島人の記録』で「第12回日本自費出版文化賞・特別賞受賞」とある。

安齋がいう。

「祝島をずっと歩いて、こんな自然いっぱいなところで福島の子どもたちを思いっきり遊ばせたらいいねっていったら、祝島の人たちも安齋さん、やりましょうってことで祝島で保養をやることが決まったんです」

「やってどうだったんですか」

「最初はお母さんと自分と一四人で行ったのかな。子どもたちがすごく元気になって顔も眼も全然ちがう」

保養について白石草が『ルポ チェルノブイリ28年目の子どもたち』（二〇一四年一二月、岩波ブックレット）でこう書いている。


ウクライナでは、チェルノブイリ原発事故で被災した人を対象に、三週間から一ヵ月程度、汚染のない地域に滞在させて治療などを行う「保養プログラム」が国家事業として位置づけられている。


それほど重要なことだが、日本では民間の有志がやっているだけで、公的機関はまったくタッチしていない。

飯舘から山口県の祝島まで行くとなると、旅費だけでもバカにならないが、祝島の人たちの支援だけでなく、山口市の人たちの支援も受け、二〇一三年から保養は祝島と山口市で半々でやるようになった、という。これまで保養にかかる費用はカンパで賄われてきた、というのだ。

次々に起きる奇妙な現象

「それでは被曝の話をしてください」

わたしはこの話を聴くために七時間近くをかけて伊達市までやってきた。

「自分はね、だいぶ昔、環境問題をやっていたんですよ。食品添加物とか、有害な物、それをやっていたときに、原子力のほうもある程度興味があって、本は読んでいたんです」

原発の事故があって、急に始めたわけではない。安齋には反対運動をやる下地があった。

「それは飯舘村に住んでいたときですか？」

「そう、そう」

トマトや米づくりをしていた、という。兼業農家で、山仕事もやっていた、というのだ。

そして二〇一一年三月一一日午後二時四六分、東日本大震災が起きた。

「そのときにある程度、本を読んでいたんで、地震がきて、原発は必ず事故を起こすと思い、山から帰ってきて、妹と猫のために水を確保したんです」

そして翌日の午後三時三六分、東京電力福島第一原発の一号機が水素爆発を起こし、安齋の予想が的中した。

「自分の家は高いところにあるんですよ。雲がかかっていて、大気が何か赤錆びたように見えた。それで、最初、ぼこっというような音が聞こえたの」

爆発音が飯舘村まで聞こえてきた、という。

「あとは金属のにおい」

『初期被曝の衝撃』によれば、震災の救援にやってきた原子力空母ロナルド・レーガンの乗組員が仙台沖で被曝し、飛行甲板員は金属味を伴う生暖かい雲に包まれた、とある。安斎も同じような体験をしていた。

「飯舘村と原発との距離は、どれぐらいですか？」

「直線で四〇キロくらいかな」

あいにく、その日、飯舘村は雪になり、黒っぽい雪がふってきた、という。これは初めて聞く話である。

「飯舘に入ってきた今中さん（著者注 当時、京大助教）が避難したほうがいい、といったのに菅野村長は、村民を避難させなかった、という話がありますが」

公的資料の写真のキャプションによれば、平成23年3月29日、京都大学・今中哲二助教ら調査チームが村内で放射線サーベイ（調査）活動を行う、とあるので、今中が菅野村長に村民の避難をすすめたのはその直後ということになる。

「あのときに村は放射能が高いということはわかっていた。役場の職員を口止めしたわけ」

「村長が？」

「村長が。県に報告する役場の職員は、物理学を出て原子力にはくわしい人なの。村長がその人を飛ばしたわけだ」

その人を活かしてやれば、飯舘の村民は被曝しなかった、と安齋はいう。職員の名前はスギオカといい、外国の大学にも留学したという。わたしはちょっと驚いた。そのような学歴の持ち主が、役場に就職することは少ないからだ。さっそく、インターネットでスギオカを調べる。浄土真宗本願寺派善仁寺住職、杉岡誠で、役場の職員と住職を兼ねている。よくあるケースで、わたしが勤務していた野田市役所にもそのような職員がいた。ネットでは東工大で素粒子の研究をしてアメリカの大学に留学した、とある。そのときのことを杉岡誠に聞いてみる必要がありそうである。ただ、役場の職員であるので、取材に応じるか、どうかはわからない。

「飯舘の菅野村長は、自分の息子と孫は避難させておいて、村民を避難させなかった。避難させると、村がダメになると」

「ところで役場から避難指示が出たのはいつでしょう？」

「四月二二日なんですよ。ですから、それ以前は、村では避難指示は出していないんです」

「指示というと、国の指示ということになるんですか？」

「そうです。村は出していないんですから。村長は鹿沼に避難させたというかも知れないけど」

わたしは誤ってたずねた。国が避難指示をしたのではなく、飯舘村を計画的避難区域に指定した。これはすぐに避難しろ、というのではない。計画を立てて別の場所に避難しなさい、といった意味である。

公的資料によれば、三月一九日と翌日にかけて、村は栃木県鹿沼市にある鹿沼フォレストアリーナ（体育館）へ村民五一一名を避難させている。安斎によれば、荷物は極力制限され、着の身着のままの避難であった、という。そして四月二二日、飯舘村は計画的避難区域に指定され、四月三〇日、鹿沼フォレストアリーナは閉鎖される。

「四月二二日に避難指示があって、そのあとこんどは国のほうから飯舘村に対して五月末までに避難してくださいよ、というゆるい基準だったんですよ」

わたしの誤った質問に、安齋は答えたが、答えはまちがっていない。

「村長はあくまでも避難したくなかった？」

「そう、そう。飯舘がダメになるといって」

飯舘村がダメになるので村民を避難させなかった、というのだ。

公的資料によれば、全村避難をすれば、多くの村民が職を失い、家畜を失い、生活が成り立たなくなる、と四月五日、菅野村長は菅首相に直訴している。それなら、菅野が避難を遅らせたことにより、多くの村民を被曝させたことにはならないだろうか。そのことによって、病気になったり、死んだりしたら大問題である。現に安齋徹は被曝した、といっている。いまはそのようなことがなくても、今後、起こる可能性は十分にある。

「村の指示とは関係なく、自分の判断で逃げた人はいるんですか」

「それは中にはいます。子どものことを考えて山形のほうへ避難したんだけど、すぐに戻ってきているんです。三月いっぱいとか、四月の中頃とかに」

村は村民の財産を守るため見守り隊を結成し、安齋は六月六日から一年間、見守り隊の隊員とし村内をパトロールする。同年、六月二六日になって、ようやく安斎は福島市にある自治研修センターに避難した。安齋がいう。

「川俣町の町長は、聞く話によると、パトロールで車からおりてはダメと。飯舘の村長は、一軒一軒おりなさい、と。そうやっていた。自分たちは年に7ミリシーベルトとか9ミリシーベルトとかという結果が出ているけど、１００ミリシーベルトか２００ミリシーベルトはいっているよ」

川俣町の町長と飯舘村の村長とでは放射能のとらえ方ちがっていた。

全村見守り隊を撮った動画をインターネットで見ると、隊員たちはマスクをつけないで一軒、一軒を訪ね、施錠されているか、家が荒らされていないかを確かめている。公的資料によれば役場の横にあるいちばん館の放射線量は、毎時、４４・７マイクロシーベルトもあったのだから、本来であれば、マスクをつけ、防護服を着なければならない。安齋は一年間、パトロールをやったことで被曝した、という。安齋が話を続ける。

「自分らがパトロールをしていると、風溜まりで、硫黄とかすっぱいにおいがしたんですよ」

「火山にいるような？」

「そう、そう。線量計のスイッチを入れなくても、アレ、きょうはちょっと高いよって」

肌で放射線量を感じた、という。目に見えないが、感じることはできた、というのだ。ありえないことのようだが、本人はそういう。

「飯舘村は、村民を避難させようとしないから被曝した、と東電はいまいってきている」

原発の事故を起こし、万死に値する東京電力が、そんなことをいったとすれば、言語道断である。

安齋は東電に対してこういっている。

「どうして事業主が、とにかく、避難してくださいといわなかったんですか、と東電にいったの」

そういうことである。東京電力は責任を転嫁できない。それと誰よりも放射能の恐ろしさを知っているからだ。

「あのときに避難させれば、こんなには被曝しなかった。鼻血は出る。一年ぐらいは下痢」

安齋が悔しさを口にする。ところが、遺体の捜索で相馬市へ行くとそういうことはなくなる、という。空間線量は飯舘村よりも低いからだ。いまでも仮設住宅から家の手入れのために飯舘村へ行くと、体がだるくなる、というのだ。

「髪の毛はいつ抜けたんですか？」

「平成二三年の六月の八日」

安齋はその日をはっきりと記憶していた。平成二三年は、震災があった二〇一一年である。彼は札幌市の大通り公園で開催された「北海道YOSAKOIソーラン祭り」を見物するために北海道に向かうフェリーに乗船した。原発事故のモヤモヤを解消するためである。

「新潟港から出て、九時ちょっとすぎかな、二等船室にいた。そこにいて、行くときは髪の毛があったんですから。洗面所で、こう、シャンプーして、すすいだら、ごっそり落ちて、タオルを見たら、タオルが真っ黒」

「へぇ〜！」わたしが驚きの声をあげる。まるでホラー映画のようである。

「あのときのショックといったら」

これで驚かない人はいない。ぞっとして顔が青ざめたにちがいない。

「前は髪の毛が多かったんですか？」

「抜ける二年前の写真が、名刺にありますよ。髪の毛があったんだよ、ふわっとしたのが。船室にいた人も、えっと思ったかもわかんないの。頭が光って、帰ってきたから」

八月一日、安齋は伊達市のこの仮設住宅に入居した。

「（パトロールをやって）飯舘から帰って、仮設でシャワーを浴びて、風呂に入るんだけど、次の日の朝、黒いのが底に沈んでいる」

「細かい粒子ですか？」

「細かいのが大気に舞っていて」

シャワーを浴びても流れ落ちない、という。そのような奇妙な現象は、ほかにもあった。

「事故当時、うちの部落に住んでいて、やはり、うちと同じ高いところに住んでいる人で、風呂の水が青いんだって。ここに越してきてからも、風呂の水が青く見えたというんです」

「要するにこれまで体験したことのないことが起きた、ということですか？」

「そう、そう。起きている」

にわかには信じられない話だが、『チェルノブイリの祈り』の中で老いた農婦が同じような体験をしている。


―省略―　私は見たんだから。そのセシユムとやらはうちの畑にころがっていて、雨が降ったら流れちまいました。インクのような色で、かけらがきらきらしとった。コルホーズの畑からとんで帰ってうちの畑に行ってみると、青いかけらがひとつ、二〇〇メートルさきにもうひとつころがっておりました。大きさは私の頭のスカーフくらい。となりの奥さんとほかの奥さんを大声で呼んで、みなで走りまわった。畑やまわりの牧草地を二ヘクタールも。大きいかけらを四つ見つけたかね。一つは赤色だった。次の日は朝早くから雨が降りはじめ、昼ごろにはかけらは消えちまいました。警察がきたときには見せるものはなかった。話しただけですよ。ほらこんな（と手で示す）かけらだったよ。私のスカーフほどの大きさで、青いのと赤いのと。

これだけではない。ベラルーシ科学アカデミー核エネルギー研究所の元実験室長は次のように証言している。

線量測定員が私の部屋を検査した。机が〈光り〉、洋服が〈光り〉、壁が……。

証言したのは、科学者である。もう一つあった。ジャーナリストが次のような証言をしている。

あの四月の暖かい雨。七年間あの雨を覚えています。雨粒が水銀のようにころころころがっていた。放射能って色がないんですって？　でも、水たまりは緑色や、明るい黄色でしたよ。となりの家の人がこっそり教えてくれました。

と『チェルノブイリの祈り』にはあるが、飯舘村の人たちが同じような奇妙な体験をしたか、どうかを機会があれば聞いてみたい。

「いま、体の調子はどうですか？」

「いまもやっぱり」

よくない、という。

「最初の頃は、どうでしたか？」

「最初はとにかく、海へ行って日焼けしたように顔がビリビリ。そして鼻血。脱毛。で、何もしたくない」

「だるくなっちゃうわけですか？」

「ご飯を食べるのもイヤ。要するに、ブラブラ病の一歩手前。でも、夜は起き上がって、大きい声を上げたくなったり、何が何だかわからなくなって」

原発の事故は体だけでなく、精神にも大きなダメージを与えた。証言から察するに発狂寸前ということになる。

「それで避難した秋口から体がだるくなって、二月に病院へ行ったんです」

仮設住宅の近くにある内科の病院へ行って受診したという。

「そうしたら、肝臓と心臓が肥大して、ストレスで胃の中がポツポツと赤くなっていて、安齋さん、がんにはなっていないから、大丈夫だよっていわれて」

「安齋さんだけでなく、身近な人に体の不調を訴えている人はいますか？」

「体がかゆくなって、皮膚科へ行った人もいるし、鼻血が出る人もいるし、だるい人もいる。飯舘に入ると頭が痛いと。いまでも飯舘へ行くと何となくおかしくなる」

そして安齋はこんなこともいった。

「ここに避難した当時、まわりで脳梗塞よりも心筋梗塞で亡くなる人が多かった。福島県はいまも心筋梗塞で亡くなるのは全国でナンバーワン」

すぐに福島県と心筋梗塞をキーワードにしてインターネットで調べてみると、安齋がいうように福島県は都道府県別の急性心筋梗塞では男女とも第一位になっていた。原発の事故のあとに急性心筋梗塞で死んだ人が増えていたら、原発由来と考えることができるかも知れない。

「甲状腺がんの人がいて、がんがリンパに入っちゃって」

がんが転移した人がいる、というのだ、

「誰ですか！」わたしが意気込んでたずねた。

「女の人なんだけど、資料がどっかに入っちゃって、わからない」

安齋が棚を見た。

彼によれば、福島県の人で、病気の治療に専念するため、大学をやめた、という。ぜひ、彼女に会って話を聞きたい。のちに安齋から連絡方法を教えてもらうことにしよう。

「あと、奇形児を産んだという話もある」

ついにその話が出た。事実であれば、こちらへくるときに読んできた『チェルノブイリの祈り』と同じことが日本でも起きていたことになる。

「奇形の子ども。医者から口止めされていたんだけど、身内からその話が漏れた。で、亡くなると、即刻、火葬場へ直行で」

そばに安齋の妻がいるのでそれ以上のことは聞けなかった。

このような話はたびたび聞いているが、隠しておきたいことなので公にはなりにくい。

ここで飯舘村の子どもの話をする。安斎がこういう。

「あまり大きな声ではいえないが、福島市の子どもと飯舘の子どもはちがう」

「どこがちがうんですか？」

「飯舘はやっぱり、完全に被曝しています」

安斎は恐ろしいことをいう。しかし、飯舘村の線量を考えたら、驚くべき話ではない。

「何ていったらいいのか。落ちつかない。ゴソゴソする。で、閉じこもってしまう」

「いじめられるってことはないんですか？」

「福島市では聞かないけど、東京では避難した子どもさんが汚れている、といじめられ、新潟に避難した子どもさんは、女の子に蹴られて、あばら骨を骨折している」

新潟の小学生の女の子が飯舘村の小学生の男の子を蹴った、というのだ。子どもだけでなく、大人も汚い、といわれ、静岡県のあるガソリンスタンドでは福島ナンバーの車には給油してくれなかった、という。また、昨年、安齋が東京の街頭で原発反対と訴えていると、「こいつら、バカじゃねぇの」とやじられ、音楽を聴いている女の人は、イヤホーンをはずし、あからさまにうるさい、といった顔をした、という。

「東京の日比谷公園の集会で、みなさんのために使う電気を福島でおこし、福島では何一つ使っていない、といったんですよ」

ここでわたしが話を変える。

「原発の事故後、自然界で変わったことが起きていませんか」

「雀はいないし、ヘビもいない。で、木が伸びるのが早かったんですよ」

「木ですか！」わたしが驚く。

「伸びるのが早かったし、太るのが早かった」

「そんなことがあったんですか！」

「あった。平成二五年の七月頃から、ある一箇所の杉の木が赤くなって、平成二七年の年に真っ青になって元に戻ったの」

「へぇ～！」

「あと、事故の次の年は、セイヨウタンポポ。ものすごかった。田んぼは黄色い絨緞」

証拠として写真に撮っているが、すぐに見つからない、という。

放射性物質が動植物に対していろいろな影響を与えたが、安齋はこんなこともいっていた。

「いまもそうなんだけど、爪、この髭、鼻毛とか髪の毛が伸びるのが早いんですよ。それも被曝の影響かな、と思っているんですけど」

復興に向けての帰還政策

「場所によってはちがうと思うんですが、飯舘村の線量はどれぐらいですか？」

「いまは高くても、1・52マイクロぐらいかな、空間線量が。事故当時、村長が訪ねてきた人に役場の線量は低いでしょうって。低いはずだよ、あそこなんか、徹底的に除染しているから」

「そういうところはやるでしょうね」

「モニタリングポスト。役場の玄関の前についているんだけど、８マイクログらいあった。村長は人に見られるのがイヤで電気を切ったんです。それで、オレ、役場の人間に村長が電源を切る権限はどこにあるんだ、といったら、そのあとスイッチが入ったの」

　問題は土壌の汚染だ、と安齋はいう。

「土壌汚染は放射能の強さだから。自分は土壌を調べてください、といっている。それは国にも話をしたの。フレコンバッグが三〇〇万袋以上あって、飯舘は人が住めるところではない。ことこまかに土壌を分析してくれ、といっても国は絶対にやんない」

　汚染した土壌から間断なく発する放射線で、じわじわと被曝するからだ。

　福島県ではいまフレコンバッグをどうするか、それが大きな問題になっていて、環境省は二本松市で工事用の土砂として汚染土を使おうとしている。これを許せば、汚染の拡散につながるが、環境省は汚染土を全国の道路や堤防、鉄道などの公共工事で使用する道を探り始めた、と三月二七日付の東京新聞の朝刊は報じている。さらに同紙は、こう書いた。


　まず飯舘村で、帰還困難区域の長泥《ながどろ》地区に、避難指示が解除された地域から汚染土を持ち込み、農地の造成などに使う。汚染度の低い場所から高い場所に運んで処分する初めての試みとなる。地元は苦渋の決断で受け入れた。

このような業務は環境省がやるべきではない。本来であれば規制する側なのだ。

「いま飯舘村は、どうなっていますか？」

「帰村している人は、六〇〇人だと村長はいうけど、五〇〇人ちょっと」

三月二八日付の東京新聞によれば、居住者は六一八人となっていて、震災前の人口は五八五〇人だったので、一〇・六％しか帰村していないことになる。それだけ放射能の被害を恐れている、ということになる。わたしは正しい判断だと思う。

「どのような理由で帰村するんですか？」

「やっぱり、年をとっている人。仮設を出されると行くところがない人。去年、国見町の仮設にいたおばあちゃんが、飯舘に帰って風呂場で亡くなった。ヒートショックですよね」

「ところで飯舘の子どもたちは、どこへ行ったんですか？」

安齋はわたしの質問には答えずにこんな話を始めた。

「四月から飯舘の学校に戻るんですよ。幼小中は教育費無料、制服も無料、ご飯も無料、そして送り迎えつき」

いま住んでいる村外の仮設住宅から、子どもたちはスクールバスで通学する、という。

先に引用した東京新聞によれば、四月から小中一貫校が再開し、通学予定者は七五名で事故前の一四・一％となっている。

「デザイナーで、顔のこわいおばさんがいるでしょう。コシノヒロコ。あの人のデザインで制服をつくったの。四〇〇着つくるそうですけど、なぜ、そんなにつくるのか。四〇〇つくったほうが値段は安いから、と村長はいっているけど。あの人がデザインしたのなら、着たい、着せてみたい、それでぐーんと入学する子どもが増えたの」

菅野村長は帰還政策の一つとして「道の駅」をつくった。

「村長はふるさと納税で入ったお金を道の駅の工事費の一部に使わせてもらいますっていったんですよ。それでブロンズ像を何千万もかけてつくったんですよ」

二〇一七年九月六日付の「民の声新聞」は、道の駅と学校とブロンズ像について次のようなことを書いている。

帰還困難区域を除いた避難指示解除から間もなく半年。福島県相馬郡飯舘村は用地買収費や建設費だけで14億近い道の駅「までい」館が華々しくオープンし、52人が就学予定の学校は、40億円もかけて改修工事が進んでいる。道の駅に設置された彫刻は２体で三〇〇〇万円。菅野典雄村長は常日頃「までい」（心をこめて、ていねいにの意味）を口にするが、果たして原発事故後の村政は「までい」な村政だったのか。予算の使い道は「までい」だろうか。

と疑問を投げかけている。

「民の声新聞」では就学予定者が五二名となっていたが、直近の東京新聞では七五名で二三名が増えている。コシノヒロコがデザインした制服に魅せられて増えたのだろうか。

四月一日、改修された飯舘中学で、再開とこども園の開園を祝う式典が行われ、それを報じた読売新聞によれば、七五名が学ぶことになった、とあるので東京新聞が伝えた人数と同じである。そのほかに同じ敷地内に新設された「までいの里こども園」には二九人が通園するという。

復興資金を使い、菅野村長によって帰還政策が打ち出されているが、安齋によれば、原発事故の直後からつい最近まで、村は御用学者を使い、放射能は危険ではない、と吹聴してまわった、というのだ。

チッソが垂れ流してきた水俣病の有機水銀が原因だと認定されるまで一六年の歳月がかかった。被曝についても、様々の病気が原発の事故による放射性物質と認められるまで長い歳月がかかると予想し、水俣病を引き合いに出す反原発の人たちが多いが、似ているのはそればかりではない。水俣病では田宮猛雄日本医学会会長、小林芳人東京大学名誉教授（薬学）、沖中重雄東京大学医学部教授（内科学）、勝沼晴雄東京大学医学部教授（公衆衛生学）といった御用学者が財界によって動員され、水俣病の原因は有機水銀ではない、と論陣をはった。原発についても、原発を維持し、推進しようとしている勢力によって御用学者が動員され、人体に被曝の影響はない、と被曝地でいってまわっている。その最たる人物が山下俊一である。山下は長崎大学の副学長であったが、その地位のまま福島県立医科大学の副学長に招聘されている。

山下のことがウィキペディアに書かれているのでそれを引く。ウィキペディアについて信頼性に欠ける、といわれているが、そのことに関する情報を収集し、それによって正しい、と判断した場合に限って、わたしは利用しようと思っている。

二〇一一年三月一九日、福島県知事佐藤雄平の要請により、福島県放射線健康リスク管理アドバイザーに就任。「市民との対話を繰り返して放射線の恐怖を取り除くこと」を主眼にクライシス・コミュニケーションの立場から、福島県を中心に各地で放射線に関する市民講演会を行った。

クライシス・コミュニケーションとは、どういうことなのかをまずインターネットで調べてみる。それにはこうあった。

非常事態の発生によって企業が危機的状況に直面した場合に、その被害を最小限に抑えるために行う、情報開示を基本としたコミュニケーション活動のことをいう。

営利を目的とした企業が起こした失態をどうやってごまかせば、企業の損失は少なくなるか、その目的のために行うのがクライシス・コミュニケーションといっていい。そうだとすれば山下は人の生命に関することに対して営利企業の手法を使った、ということになる。

山下が講演会でどんなことをしゃべったか、ウィキペディアに記されているのでそれを引く。まずは原発事故直後の三月二一日、福島テレサで開かれた講演会での発言である。

「これから福島という名前は世界中に知れ渡ります。福島、福島、福島、何でも福島。これは凄いですよ。もう広島・長崎は負けた。（以下省略）」

この発言は原水爆によって被爆した広島・長崎の人たちを冒涜している。さらに被曝した福島県民に対しても冒涜したことにもなる。さらに山下の発言が続く。

「放射線の影響は、実はニコニコ笑っている人には来ません。クヨクヨしている人に来ます。これは明確な動物実験でわかっています。酒飲みの方が幸か不幸か、放射線の影響は少ないんですね」

反原発運動をしている人であれば、よく知られた迷言だが、これほど聴衆をバカにした発言はない。そして四月一日、飯舘村で村会議員と村職員を対象にした非公開のセミナーが開かれ、山下は次のような発言をしている。

「今の濃度であれば、放射能に汚染された水や食べ物を一カ月くらい食べたり、飲んだりしても健康には全く影響がありません」

安齋によれば、御用学者がきて、「飯舘は安全だから、家の戸を開けてもよい。洗濯物を外に干してもよい。畑から作物を採ってきて食べてもいい。子どもさんは外で遊ばせてよい」といい、翌日、国によって計画的避難区域に指定され、避難が始まった、というのだ。学者のメンツは丸つぶれである。ネットで調べてみると、その学者は近畿大学教授の杉浦紳之となっていた。

「ここへ東電の連中はくるんですか？」

「去年とおととしはきたね、変な学者を連れて」

「どんな人がきたんですか」

「福島県生まれで、放射能を研究し、いまは退職した、というセンセイがくるんだよ。放射能は自然界にあるくらいなので恐くはないって」

原子力ムラの連中は、学者を動員して村民を洗脳しようとしている。そして福島県出身で、原子力規制委員会の初代委員長であった田中俊一が飯舘村の復興アドバイザーに就任し、一カ月の半分を飯舘村ですごす、というのだ。目的は自らが住むことによって安全をアピールするため、と考えられる。しかし、七〇歳をすぎた田中が飯舘村に移住しても安全のアピールにはならない。

「いま安齋さんが一番いっておきたいことは何ですか？」

「あれだけの福島の原発事故を反省しないで、苦しんでいる人がたくさんいるでしょう。これから二〇年、三〇年、被害が続くかも知れない。それなのに原発を再稼働させ、五基ぐらいが動いているんですよね。それをまず止める。原発によって病気になった人を隠さないで表に出しなさってということ、それをいいたい」

後日、わたしは被曝した女性のことを聞くために安齋に電話で問い合わせた。連絡方法がわかれば、わたしは取材をしてみたいと思っている。

安斎によればそのことを書いた資料がどこかへいってしまってわからないが、『女性自身』の和田秀子さんがその記事を書いた、と教えてくれた。和田にたずねてもいいが、わたしも物書きである。女性を探し、彼女から話を聞いてみたい。

村議会議員、佐藤八郎

わたしは安齋徹の話を聞き、飯舘村のことをもっと知りたくなり、村議をしている日本共産党の佐藤八郎と会うことにした。

二〇一六年一〇月、佐藤は現職の菅野典雄と村長選挙で戦い、知人の映画監督がその選挙戦をビデオカメラで撮り、わたしはその作品を見ている。また、松戸市馬橋で行われた反原発の集会でも顔をあわせている。

彼に会ったのは福島市周辺の桜が満開になった四月五日である。正午、福島駅前にあるミスタードーナツで落ち合い、彼から話を聴いた。小柄で、がっちりとしていて、朴訥な感じのする人だが、話をしてみると激しい性格の人で、一言でいえば闘士である。そして資料をどっさり持ってきてくれた。

最初に佐藤の経歴をたずねたが、彼は「経歴か」といって鼻で笑い、それについては答えなかった。佐藤らしいといえば佐藤らしい。

「それではおいくつですか？」

「六六歳。いま七期目の飯舘村の共産党村会議員」

佐藤は村長選挙に出るために村議を辞め、無所属で出馬。選挙結果は現職の菅野典雄が二一二三票を、佐藤は一五四二票を獲得して負けた。そして昨年の九月に実施された任期切れの村議選で、佐藤は四六九票を獲得し、トップ当選を果たしている。

「最初におたずねします。なぜ、佐藤さんは村長選挙に出たのでしょう？」

「第一点は、加害者のいいなりになって、何で、わたしたちが放射能のあるところに戻って暮さなきゃならないのか。加害者が除染をどれだけやったんだというと、村の面積は二三〇平方キロメートルで、そのうちの約一五％しかやらないいんじゃないかと。残りは当時のままでしょうって。それで戻って暮せっていうのは、放射性物質の発する場所に行って暮しなさい、ということとイコールでしょうって」

佐藤は演説でもするかのような口調で話し、さらに村長選挙でこう訴えた。一つは人が住む条件として許容される被曝量は、年間１ミリシーベルト以下とすること。二つ目の条件は、インフラの整備。三つ目は被害にあった方々と東電との合意で、そういう条件がそろわなければ村へは戻れない、とした。しごく全うな主張である
「佐藤さんは完全に負けたのか、それとも接戦だったのか、どっちでしょう」

「向こうが一生懸命やらないとおそらく負けたでしょうね。わたしらは村民連帯の中で、ふつうに

地道に声かけをやっていたけど、向こうは原子力ムラをあげて」

やった、というのである。

「それで、どんな村長選挙だったんですか」

「わたしらは有権者の顔も、有権者の電話番号も住所もわからない選挙をやるわけだ」

「それでは村外にある仮設住宅へ行って、選挙運動をやるわけですか」

「それは二割もいないわけだから。残り八〇％近くは、どこにいるかわからない有権者をめがけての選挙ですから」

わたしは大半の村民が仮設住宅に住んでいた、と思っていたが、そうではなかった。二割だ、という。そうかも知れない。避難先を確保できた人は、狭くて住み心地の悪い仮設住宅には入居しない。そんな簡単なこともわたしはわかっていなかった。

「そんな選挙って、これまでになかったでしょう?」

「ないですよ。いろんな選挙戦術はあるけど、そういうのは通用しないわけだ。ところが、現職は有権者の住所録を持っているわけよね。あと現職が有利な投票時間にするわけよね」

佐藤によれば、村の選挙管理委員会は期日前投票で、昼間働いている若者が投票できない時間帯に投票時間を設定した、という。また、放射能に敏感な若者は、一時間から一時間半もかけて放射線量の高い投票所のある飯舘の村役場には行かない、という。そのため若者の投票率は下がった、というのだ。現職の菅野典雄は投票しづらい条件にした、と佐藤は怒る。帰村したい、と思っている高齢の有権者が多ければ多いほど現職は有利で、菅野村長はそのような流れをつくった、というのだ。

「前の村議会選挙のときには、八時まで投票できた。それが投票所によっては五時とか六時にしちゃったから」

「そんなことをしたんですか！」

これには驚いた。まるで独裁者のようで、やることが姑息である。

「だからね、どうしても投票しづらいよね」

ハンデを背負っての村長選挙であれば、佐藤八郎は接戦で負けた、といってもいい。

「立候補者が決していってはいけないことですか、選挙民が悪かった、ということはなかったんですか？」

「選挙民は悪くないと思うんだ」

予想した回答が返ってきた。わたしがいう。

「村民はこれだけ原発の被害を受け、相手方は原発を是認しているわけでしょう。それに対して佐藤さんは、原発に反対しているわけですよ。それなのに佐藤さんは負けた。それはどうしてですか？」

「基本的にはね。共産党は国に逆らう政党で、国のいうことを聞かないわけだから、国がお金を村によこさないし、いろんな復興予算もつかないし、みんなが戻るのもまだまだ先になるし。こういう苦しいことが六年もあって、まだ、これを続けていいんですかって、相手はいうわけよ。お年寄りになると、早く村に戻りたいわけだ。二年か三年、仮設でがまんしていたのに、五年も六年もたって、さらに八郎さんになったら、また、のびるんでは、なんだちゅうふうにね、思うわけだ」

「なるほど」とわたしは頷く。実にわかりやすい話である。

「それを毎日、仮設で、ローラー作戦でやられたわけよね。日頃、わたし以外に仮設へ行っているのはいないわけよ、村長といえ、役場といえ。だから、絶対に住民の信頼はあるわけだ」

佐藤八郎には勝つ自信があった。それで立候補した。共産党がよくやる党勢を拡大するための選挙ではなかった。

「向こうは、ずいぶん佐藤さんは票をとった、と思っているんじゃないですか」

「それはそうだ。だって、選挙期間は一〇日間だけど、三日目まではあっちが勝った、と思っていたからね。国会議員から、県会議員から、村の区長さんまで、午前中は現職村長派の人たちが選挙事務所にいっぱい集まっていたけど、四日目からはいなくなったからね」

相手の陣営はきびしい選挙だと思い始めた。

「ところで選挙事務所は、どこへおいたんですか」

「川俣町」

相手の菅野も川俣町においた、というのだ。異例の選挙といっていい。

震災後の飯舘村

「3・11の日、佐藤さんはどこにいましたか?」

「わたしは相馬の市民会館で３・11統一行動に出ていたんです」

佐藤は重税に抗議する集会に参加していた、という。

「相馬市なら、かなり揺れたでしょう」

「揺れたなんてもんじゃない。道路はヒビが入る。車は走れない。ブロック塀は倒れる。屋根の瓦は吹っ飛んでくる。わたしらは歩道を歩けなかったんですよ」

デモの警備で出動した警察官は、走っている車を止め、デモ隊を誘導した。こうなると、シュプレヒコールどころではなかったが、それでも予定どおりデモ行進はやった。

「デモの参加者に漁師さんがいて、海へ行って見てくるっていうわけ。見てきたら、すごい、といって。いままで何度も津波を経験しているけど、こんなに大きく、沖のほうまで海水が引いていくのはないって。それを聞いて、家に帰らなきゃということで」

何とか飯舘村に帰ることはできた。

「翌日、三時三六分、一号機が爆発しています。それはテレビでも放映していましたよね」

「停電で見ていないんですよ」

佐藤から資料としてもらった、彼が書いたチラシには、「生活に必要なライフラインの水道、電気、電話が使えなくなりました」とある。

「一号機の原発が爆発したとき、みんなは何をしゃべっていたんですか?」

「いや、わからなかったから、何にもしゃべんねぇよ」

佐藤がぶっきらぼうに答える。つまらんことを聞くな、といった風情である。

「あっ、そうか。停電でテレビが見られなかったわけだ」

愚問だった。だが、原発事故の場合、情報が入らないというのは恐ろしい。逃げ遅れるからだ。

「飯舘って、ほとんど原発労働者っていないのよ。ところが浜通りの市町村だといるのよ、原発の内部に入っている労働者が。そこから電話が入っているんだよ、役所とか首長さんに。飯舘は情報が入ってくっとこがなかった」

「そんなことがあったんですか！」

知らない話なので驚いた。原発で働く労働者が、原発の現状をいろいろなところへ報せていたのだ。

「飯舘ではインターネットを見ていた人だけは、子どもを連れてすぐに村を出たよ。だけど、牛を飼っている家では、じいちゃんとか、ばあーちゃんは家に残った」

停電中、インターネットが村民の情報源となっていた。

「いつごろから村の人たちの間で、被曝のことが話され始めたんですか」

「インターネットで勉強している人たちは、いろんな学者の話を聞いて、被曝というのはあり得るということで、感じたんじゃないの」

「安齋さんは、村の避難指示が遅れた、といっていますが」

「インターネットの情報でわかった人は、避難したから。自分のお金で。自己責任で。兄弟、親戚、知り合い、みんな連絡を取り合って。すぐだよ。一二、一三日にはみんな移動したから」

「ああ、そうですか！」

わたしが想像していたこととはかなりちがっていた。

「人口の六割ぐらいしかいなかったよ」

「ああ、そうなんですか。そんなに！」

役所が指示など出さなくても、飯舘村の人口の四割にあたる人たちが避難していた。飯舘村の村民は、自分で判断し、行動していた。右に倣《なら》えの日本人の行動としては珍しい。やはり、放射能を発する原発だからか。とにかく、多くの人たちは原発から一刻も早く遠ざかった。避難というよりは、逃げた。役場としても伝えようにも停電でできなかった、ということもある。

「それでどうなったんですか」

「避難しても続かないでしょう。いつまでもいられるわけがないでしょう。例えば、自分のおじさんやおばさんが東京にいて、そこに何日もいられるわけがないでしょう。ホテルや旅館に泊まれる金を持っている人はいられるけど、ない人はいられないから、みんな戻ってきちゃうわけですよ」

「なるほど」

「だって、大丈夫だって、学者がいうんだもの。四月一五日までやっていたんだよ、講演。避難しなくても、なんの体に影響がないちゅう教育をやっていたんだよ、学者がどんどん入ってきて」

佐藤が憤る。

公的資料には次のようなことが書かれていた。

村は、リスコミ（著者注　リスクコミュニケーションの略。リスコミとは、あるリスクについて関係者の間で、情報を共有したり、対話や意見交換をして意志の疎通をはかること）事業の一環で多くの専門家を招き、講演会や懇談会を開いてそれぞれの知見を村民と共有しました。また、小中学校で放射線教育を実施するためのカリキュラムもまとめ、授業を行う教員の研修会も行っています。

公的資料に紹介されている学者は、近畿大学教授の杉浦紳之ともう一人は山下俊一と同じ長崎大学の教授で、福島県放射線健康管理アドバイザーの高村昇である。いずれも反原発の運動をやっている人たちからは御用学者と呼ばれている。また、かつて右翼の笹川良一が競艇を牛耳り、博打の儲けを財源とする日本財団が、講演会にかかわっていることが公的資料の写真でわかる。学者たちは講演会や懇談会を行い、放射能は恐くない、といってまわった。話を戻す。

「学者が講演に行ったのは、飯舘村だけじゃないでしょう」

「いや、いや。原子力ムラあげてやっていたんだもの。わたしらは、渦中の人だから、そんな全体なんか見ている余裕なんかないの！」

つまらない話なんかするな、といった顔で、佐藤八郎は語尾を強めた。なかなか手厳しい人で、敵にすると手強い。

ここで佐藤の話を織り込みながら、飯舘村が発行した『飯舘村全村避難4年半のあゆみ　までいの村に陽はまた昇る』（以後、本書の呼び方を『あゆみ』とする）と二〇一四年五月一二日に佐藤八郎が作成したチラシ（以後、チラシとする）により、飯舘村がどのような経過で被曝したのかについて書くことにしよう。なお、これまでわたしが公的資料と呼んできたのは『あゆみ』である。

3月12日、午前5時44分には原発から10キロ圏内に避難指示範囲が拡大。午後3時36分には1号機が爆発し、避難指示も午後6時25分に半径20㎞圏内にまで広がりました。県道12号線は避難車両で渋滞。（『あゆみ』より）

佐藤がいっていたように、自治体の指示がなくても、それぞれが自分の判断で避難をしていた。三月一二日、村議会は延期され、代わって、急遽、対策委員会が開かれた。

佐藤がいう。

「津波の被害がすごそうだ、と。だから、わしら同じ相馬郡だから何か支援をしようと議論したわけですよ。放射能のことはまだわからないから。そのうちに避難してきたわけ」

飯舘の人たちは最初、避難者を引き受け、のちに避難者になる。その後の展開は、飯舘の人にとっては予想外のこととなった。

◇3／12一部電力復帰・避難受け入れ（チラシ）

「人口六千人の村がお世話できるのは、二千人だと。そして毎日、炊き出しをやったわけですよ」

◇村が設置した避難所では、職員のほか消防団や女性消防隊、婦人会、村社会福祉協議会をはじめ多くの村民が避難者（南相馬市と双葉地方）の対応にあたりました。（『あゆみ』より）

◇3／13一部水道復帰、3／14水道・電力全村復帰（チラシ）

佐藤がいう。

「わたしら、毎日、訪問して、薬、あるかって。食べ物あるかって。石油あるかって。そういうのを聞いてまわった」

◇県は、14日、「いちばん館」前にモニタリングポストを設置。その数値が急上昇したのは15日の正午頃からでした。（『あゆみ』より）

三月一四日、午前一一時一分、三号機が爆発し、一五日午前六時一〇分には二号機の圧力容器が破損、六時一四分、四号機が爆発し、その影響のようである。

◇3月15日の午前11時には、村内の一部を含む、原発から30㎞圏内が屋内退避区域に指定され、「やすらぎ」には村民用の避難所を開設しました。村は一時間毎に、「いちばん館」前のモニタリングポストの数値を県の災害対策本部へ報告。測定値は、午後6時20分頃、44・7μSv／時を記録します。日中の雨が夜には雪になっていました。（『あゆみ』より）

三月一五日にふった雨や雪によって、空気中の放射性物質が降下して飯舘村は汚染された。

◇17日、村は行政区長に、住民の避難意向調査を至急で依頼。希望者の第一陣が栃木県鹿沼市へ緊急避難したのは19日でした。（『あゆみ』より）

◇20日には村内の水道水から基準値を超える放射性ヨウ素が検出され、翌日から取水制限を実施。22日・23日には県による村民対象のスクリーニング検査が実施され、検査を受けた１３３０人から重度の体表汚染は検出されませんでした。（『あゆみ』より）

佐藤が語る。

「国は放射能がかかった野菜とか土とか川の水をとって検査し、三日ぐらいたって、テレビで飯舘は、放射能で汚染されていると。そうしたら、村長、頭にきたんだね。何もわたしに断りもなく、発表したんだって、国に文句をいうわけよ」

ここで佐藤と菅野が対峙する。

「わたしは村長に文句をいった。何をいっているんだと。変な物は早く見つけてくれればありがたいじゃないかと。何を血迷っているだって」

チラシによれば、村内各所で６から８マイクロシーベルトの線量があった、とある。

◇そんな中、4／9に村長名で、農林水産大臣に提言書として「本村は反核の旗手になるつもりはない」と文書を提出したのです。このことは「もう原発はいらない」とする放射線をあびて被害を受けている村民の意思を裏切るものであります。

と佐藤のチラシには書かれ、四月五日付の、菅野典雄飯舘村村長が内閣総理大臣の菅直人宛ての提言書は次のように書かれている。引くのは『あゆみ』である。

3、本村は反核の旗手になるつもりはない。

本村は、避難指示区域のはるか外にありながら、気象・地形の影響により、現時点で最大の放射能汚染被災地となっているが、本村はこの事故のみをきっかけとして「反核の旗手」になるつもりはない。

『あゆみ』を読んだわたしの感想は、原発事故を自然災害のようにとらえ、村民の努力によって放射能に打ち勝ち、日本一美しい「までいの村」に帰村しよう、という内容になっている。そんなことから、加害者である東京電力を非難するような文章は一切ない。帰村した村民は、一割しかいないのに、である。

佐藤たちは全村民の早い避難を要望したが、菅野村長は四月二二日、国が計画的避難区域に指定するまで、避難させないでほしい、と国に要望した、というのだ。佐藤の証言からも、村長の意向で避難が大幅に遅れ、そのことによって多くの村民を被曝させたことになる。

「自己責任で村を出た人はたくさんいるよ。でもできない人もいる。ここは福島県では最低の個人所得の村だから。お金なんてないんだから。明日、明後日の生活はきょう稼いだ金で暮らしているんだから」

飯舘村の人たちは、東京電力や国の施策だけでは避難生活ができないことから、雇用の場として村内の八事業所と特別養護老人ホームを稼働させ、村は村民の財産を守るため「全村見守り隊」を結成し、このことによって従業員や見守り隊の隊員を被曝させた、と佐藤はチラシに書いている。その隊に安斎徹は所属していた。

もし、避難指示の遅れによって村民が被曝して死んだり、病気になれば菅野村長は遺族や被曝者から訴えられることもある。避難指示の遅れは、佐藤や安斎がいっているだけでなく、村が発行した『あゆみ』にも書かれているので、それは事実だったと明言してもいい。

『あゆみ』によれば、二〇一二年七月一七日、飯舘村は空間線量によって帰還困難区域と居住制限区域と避難指示解除準備区域の三区域に分けられ、長泥地区は帰還困難区域とされた。

わたしが話を変える。

「安斎さんは、原発が爆発して奇妙な体験をしているんですが」

「彼は小宮（地区）だからね。小宮や蕨平《わらびだいら》の山の周辺にいた人は、爆発音が聞こえたでしょう」

「そういっていました。大気が赤錆びたような色に見えた、といっているんですが」

「そんな、あんまり聞いたことがない。音は聞こえたという人は、いっぱいいいた」

「それと金属のにおいがしたと」

「それもわかんないけど。肌が敏感な人は、ピリピリ感じた人はいっぱいいた」

「安齋さんは、そのこともいっていましたね。それと黒い雪がふってきたと」

「その日は、どんよりしていた。雨がふって、みぞれになって雪になったのよ。どうしても黒ぽっく見えるよね」

佐藤は安齋のような奇妙な体験はしていなかった。これも機会があればいろいろな人に聞いてみたい。

「役場には東工大で素粒子を研究し、アメリカの大学に留学し、村で住職をやっている杉岡さんという職員がいて、避難したほうがいい、と村長に具申し、村長に飛ばされた、と安齋さんはいっていましたが」

「具申したか、どうかは知らないけど、京都大学の今中助教を案内して、日本大学の糸長浩司さんらと村内を実測したわけだ」

この調査には安齋も参加し、ここで写真家の那須圭子と会っている。

佐藤によれば、糸長は菅野が村長に就任する二〇数年前から飯舘村の村づくりに参加した建築家だが、糸長が反原発運動で知られている今中助教を役場に連れてきたことで仲違いになった、という。

「今中さんを案内したり、いろいろお世話をしたのが杉岡なんだ」

杉岡が役所の内部の話をするかと聞くと、「だいぶ、ひよっているよ」と佐藤はいった。

なぜ、菅野村長は村民の避難を遅らせたのか

「なぜ、飯舘村の村長は、村民をなかなか避難させなかったのでしょう。そうなったら、自分が作り上げた村がダメになるということでしょうか」

「あの事故っていうのは、彼が四期目かな、十何年仕上げてきた村づくりが実現する年だったの」

「震災前、菅野村長と佐藤さんは、どんな関係だったんですか？」

「いや、別に」

「悪いというか」

「奴は合併に反対したからね。わたしも反対だったからね」

合併するかしないかが争点となった、二〇〇五年の村長選挙で日本共産党は菅野を支持し、当選させている。

「原発のことで村長との関係が悪くなった、ということですか？」

「いや、ずっとちがうよ。奴はパフォーマンス型だから。自分が目立てばいいと思っているから。お坊ちゃん、なんだ。自分が思いついたことは、何が何でもやりたい。いろいろ歩いていい人と知り合いになると、その人を村さ連れてきて、村の金をかけてやらせる。その連続だよ」

道の駅のブロンズ像もその一つのようだ。いまは仲違いになった糸長浩司とはいい関係が続いてきた、という。ネットで調べてみると、糸長は昔ながらの暮らしと環境に負荷をかけない最先端の

技術を融合させた「までいな暮らし普及センター」を発案し、現実化させている。そのような考えの持ち主であれば、今中助教と行動をともにしてもおかしくはない。

さて、菅野典雄とは一体どのような人物なのか。飯舘村のホームページによれば、昭和二一年一〇月三一日に生まれとなっているので、現在は七一歳である。帯広畜産大学を卒業し、その年に酪農（自営）となっているので、家業の酪農を引き継いだと思われる。次に経歴だが、昭和六一年一二月いいたて夢創塾初代塾長とある。塾長を翌年の五月まで努め、七月には全国酪農青年婦人会議副委員長に就任している。平成元年には飯舘村公民館の館長（嘱託）に就き、平成八年には飯舘村村長に初当選している。菅野の経歴からすれば、なるべくして村長になった、ということができる。そして二二年もの長きにわたって、飯舘村の村長を続けてきた。

「菅野さんには、おらが村、という意識はあったんでしょう？」

「それは、それでいいんじゃない。ただ村づくりの仕上げに入ったときにこうやられた、と。このまま村民のいない村になったら、オレのやったことが全部なくなるちゅうのが、彼としては耐えられないから、わたしは避難しないで村を守るんだ、となった。わたしらは、それはそれとしてあっても、村民は被曝したり、健康を害するわけだから、わたしらは、ただちに避難しろ、と村長と議会に要求書をぶつけたわけだ」

佐藤は村民の健康を最優先させて、即刻、村民は避難すべきだ、と主張したが、菅野は聞き入れず、山下俊一や高村昇といった御用学者を村に呼んで放射能の影響はない、と何も知らない村民を教育した、という。

「飯舘村は、原発から三〇キロから五〇キロ離れたところだから、原子力発電所とか放射能の勉強や防災訓練なんてしたことがないし、学校でも教えていないわけだ。ところが、国は人が住めない地域だ、といったもんだから、村長は食い下がったわけだ。その挙句にいったのが、オレは反核の旗手にはなんねぇと、菅野村長は国への要求書の中で挙げたわけだ。そしたら、村民はふざけんな、と。オレら原発事故で、こんな人生になっているのに何で原発に反対しねぇだと」

「栃木県の鹿沼に一時避難していますが、どんな経過があったんでしょう」

「それもさんざん要求してね、お金ある人とか、車ある人、親戚ある人は、外へ行けたけど、そうでない人は避難できねぇべと、何とかしろっていって、毎日、役場へ行って文句をいって、そしたら、自衛隊がバスを貸したんだよね」

村が発行した『あゆみ』には、そのようなことはまったく書かれていない。鹿沼に避難したことだけである。

「でも、向こうに行って、三日ぐらいたって、みんながどうしても集まるじゃん。こんな生活より、家へ戻って暮しても大丈夫なんだつう人がちゃんとそこにいた。座談会じゃねぇんだよ」

「その人は学者ですか？」

「学者だか、何だかわかんねぇ。いくら追及しても判明しねぇんだ」

村がそのような人物を避難者の中に紛れ込ませたのか。

「要するに村として避難したくなかったわけですね」

「そう、そう」

安齋によれば所持品は制限され、着の身着のままで避難したといっているので、長くは滞在できない。結局、帰村せざるを得ない。鹿沼には三月一九日から四月三〇日までの四二日間避難し、人数は五一一名と記録されている。

避難しろ、といったのは佐藤だけではなかった。

「インターネットで村長はずいぶん叩かれたからね。人殺し、菅野典雄、おまえは悪魔かとかね、毎日。頭おかしくなるぐらい叩かれたわけだ。そういうこともあって、自分も鼻血が出て」

当然といえば当然だが、菅野村長も被曝した。

「自衛隊のバスさのって、高速の手前で観光バスさ乗り換える。そうしたら、放射能が高くてダメなのよ。着ていたものにくっついて。洗い直したり、着ているものを叩いたりして、そしてバスさのって、鹿沼へ行ったんです。そうしたら、次の日のバスは、村長、自らホースを持って、水流して、みんなの靴の底を洗って」

「それは大変な話じゃないですか」

わたしはここで話を変える。

「一番、お聞きしたいことなんですけど、被曝が原因で死んだとか、白血病や心筋梗塞が増えたといったような話は聞いていませんか?」

「村は何もいわないからわかんないわね。村では原発による自殺者はいない、といっているけど、わたしが知っているだけでも自殺者は三人。孤独死は六人もいる。いや、孤独死は五人でした、と一二月の議会でいってみたり、ふざけている話なんだ。死亡数の推移をいわせると大体、震災前と同じぐらいだと。どうしようもねぇよね」

原発の事故の影響で自殺者や孤独死をする人は増えたが、被曝して死んだり、病気になった人の話は佐藤から出なかった。福島県の発表でも飯舘村では、甲状腺がんの子どもも出ていない。飯舘の村民は、被曝しなかった、というのだろうか。

佐藤がこんな話をする。

「飯舘に戻って、いま年間にすれば、20ミリなくても、8ミリや10ミリになったとしても大丈夫、急に死んだ人もいない、と実証されれば、日本の基準になるわけだべさ。われわれは、モルモットだと。村全体の八五％は、何にもやんないんだよ。そのままなんだよ。わずか一五％を除染して、そこで暮らせといっているんだよ」

佐藤が憤った。

「四月に学校が開校し、通園、通学者が予想よりは増えたわけですが」

「そうだね。アンケートでは五〇なん人で、七〇なん人になったんだから。村は努力したんでしょう。何も学費はかからないし、タクシーでも迎えにきてくれるんだから。あの子たちは必ず被曝するんだから。そんなの見に行って、お祝いしていられねぇべさ。おめでとうなんて」

佐藤が吐き捨てるようにいった。

「親はどういう理由で子どもを飯舘村にある学校に入れるんですか？」

「友だちと別れたくない。先生とも別れたくない。別れるのがもうイヤだって。子どもは別れたあと何日も泣いていたって。小学二年頃、あの爆発があったときの子は、中学になるまで泣いていたって。友だちと別れたことが悔しくて」

このような理由については、まったく想像していなかった。子どもたちは友だちや先生と別れたくないので、放射能で汚染された飯館村にある学校へ通学する、というのだ。

「あとは無料だから喜んでやっている親もいる。子どもを利用したとんでもない政策だよ」

佐藤が怒る。わたしもそう思う。佐藤の話が続く。

「通園、通学に一時間ぐらいかかるわけだから」

「そのへんの話を保護者に聞いたら話してくれますか」

「みんな、あまりしゃべりたがらない。だって情けないことでしょう」

そうかも知れない。ここでわたしは話を変える。

「奇形児が生まれた、と安齋さんは話していたわけですけど、そういう話は聞いたことがありますか」

「三春町の飛田さんっていう写真家もいっているけど。もちろん、秘密のことだけど、産院を退職した看護師さんとか、いろんな人がずいぶん発信はしているみたいだけど、実際はある。自分でいっている人もいるよ。双葉の人で」

「双葉？」

「生まれてすぐに死んだ。そういう子もいるらしいよ。震災前もそういう子がいたからね」

佐藤は奇形児については否定しなかったが、これも話だけで、これだけでは何ともいえない。チェルノブイリであったようなことが日本でも起きるのか、今後これについても調べてみたい。

「どうも情報は役場にありそうな感じがするんですけど」

「何もねぇんじゃねぇ。役場はあっちのいうことを聞くために一生懸命やっているだけだよ。独立した検査なんてできないんだよ、自治体は。能力も金もないから。すべての力は、向こうが持っている。医者も学者も弁護士も圧倒的に向こうなの。そういう社会の中の事故だったちゅうことは歴史に明らかなの。わたしらは何もないから。わたしらは真実の実態を広げる運動しかない。わたしらにそれ以上を求められたって、わたしはもともとそんな能力もねぇし、力もないわけだ。ただ、体験はした。体験して、いろいろなことを学んで、いろんな人たちと連帯し、怒りを持っている限り運動はできる」

佐藤八郎の話が終わった。わたしは一息入れてたずねる。

「農業研修施設があって、伊藤延由さんが管理人をやっていて、いろんなところで発言しているのをインターネットで見たんですけど、ご存じですか」

「よく知っています。ある会社の保養施設を彼が預かって。インターネットの会社みてぇなんだけど」

インターネットで調べてみると、それはソフトウエアの技術者のための保養所で、自然豊かな飯舘村で半年ぐらい暮らし、心身をリフレッシュさせて、仕事に復帰させる、というのだ。

すでにふれたことだが、今中哲二、糸長浩司、安齋徹、那須圭子ら反原発の人たちや研究者がここに集まり、村内の線量の調査をやっている。インターネットで調べると、伊藤は海外からのツアー客も受け入れていた。
伊藤はツイッターで自らを飯舘村農民見習いと称し、次のように自己紹介をしている。

一九四三年一一月生まれ。二〇一〇年から飯舘村で研修所の管理人をしながら農民見習いを始めました。人生で最高に楽しい一年でした。楽しさが最高だっただけに原発事故とその処理に対する政府、東電と村の態度は許されません。余生を反原発にかけます。

伊藤は決意を語り、住民の帰還についてこう記している。

飯舘村は被ばくのリスクを語らないまま住民帰還を進める。復興の為には子ども達も使う。認定子ども園、小中一貫校の村内再開だ。大人の何十倍も被ばくに対する感受性が高い事は原発推進派も認めている事実だろう。その証拠に有識者?といわれる子どもや孫を村内に住まわせたと聞かない。

佐藤が伊藤を語る。
「彼の発言能力は、たいしたもんだよ。自分が村へきてから全部記録をとっている」
日々の線量を記録し、それをインターネットで閲覧者に報告している。それだけでなく、震災前の自然豊かな飯舘村をビデオに撮っていた、というのだ。

「新潟には実家があって、新潟の線量と飯舘の線量を測っている。飯舘は新潟の五倍だと」

「伊藤さんの住所はわかりますか」

「小宮。飯舘は名前をいっただけでわかる」

ぜひ、伊藤に会って話を聞きたい。

元飯舘村農民見習い人、伊藤延由七四歳

五月五日午前一〇時、伊藤延由と農業研修所で会うことになったが、東京新聞は研修所の放射線量を測定、測定結果を五月二日付の朝刊に掲載した。それによれば除染済の裏山の三地点の線量は、１・２４マイクロシーベルト／時、１・１８マイクロシーベルト／時、１・４８マイクロシーベルト／時を記録した、というのだ。国が除染の対象としているのは０・２３マイクロシーベルト／時なので五倍以上の高線量ということになる。それどころか、玄関先は０・４５マイクロシーベルト／時もある。それも驚きだが、ダイニングは０・３３マイクロシーベルト／時もあった。室内がこれである。それについて東京新聞は「西側に裏山があり、窓もあり、線量を押し上げている可能性が高い」としている。伊藤はそんな線量の高い場所に住んでいた。

わたしはどんな交通機関を使って飯舘村へ行くかを考えたが、福島駅からバスしかないので、今回は車で行くことにした。しかし、カーナビによれば千葉県松戸市の自宅から福島県飯舘村までの全行程は二八二キロもある。往復すると五六〇キロ以上になる。経費のことを考えると、高速道路

は使えない。一般道で行くことになる。しかも五日はゴールデンウイークの後半で車の渋滞が予想される。わたしの場合、加齢により、夜間は対向車のヘッドライトがまぶしくて、運転ができるのは日没までである。それなら、道の駅で車中泊をするしかない。そのことを妻にいうと、いっしょに行ってやる、というのだ。願ってもないことである。

午前三時、出発する。車は燃費のよいハイブリッドのプリウスである。わたしは福島へ向かって、ひたすら、車を走らせた。幸い国道四号線は空いていて、四時三〇分、宇都宮市を通過。すこぶる順調である。四時五〇分、矢板市で日の出を迎え、ここから風景は一変し、遠くに黒ずんだ那須連山の山稜がぼんやりと見えてくる。一瞬、霧が湧き、太陽が霞んで見えた。五時五〇分、福島県に入る。予定していた時間よりもずっと早くついた。六時四〇分、須賀川を通過。車は国道四号線から県道に入る。山また山が続き、山を登り、七時五〇分、川俣町を通過する。八時三〇分、三千万円のブロンズ像のある「いいたて村道の駅までい館」に到着。所要時間は五時間ちょっとである。高速道路とそれほど変わらない。この時間、コンビニは営業をしているが、それ以外はまだ開店していない。それなのに駐車場には二〇台以上の車が停まっていた。この時間にこれだから道の駅は、繁盛しているように思える。建物から木のにおいがしてきた。それだけ新しい、ということになる。村は道の駅を復興のシンボルにしている。

ここで休憩し、わたしたちは伊藤が住んでいる小宮地区に向かった。案内をするのはカーナビだが、人家のある集落でそれは終了した。こうなれば人に聞いて探さなければならない。わたしは車をおりたが、聞こうにもあたりに人がいない。目の前は耕作をしていない田圃で、車も走っていない。わたしは人探しを始める。道路沿いには建てて、まだそれほどたっていない民家が放置され、見るからに無惨である。とにかく、どこにも人がいない。そして静かだ。わたしは二車線の道路を歩きながら、人を探した。遠くでトラクターを使い、田植えの準備をしている人がいた。わたしはその人のところへ駆け寄った。男はわたしに気づきエンジンを切った。研修所の管理人をやっている伊藤さんの家を教えてくださいというと、男は指を差し、あの道を行き、一山越え、途中、アスファルトから砂利道になるが、それを登り、下るとT字路があって左に曲がるとそれがある、と教えてくれた。村議の佐藤八郎がいったように名前をいっただけで住所がわかった。

いわれたとおり、急な山道を登ったが、道は行き止まりになっていた。道をまちがえたようだ。すぐにきた道を戻る。山中で迷った。中継基地のアンテナがこのあたりにはないので携帯電話が使えず、伊藤と連絡がとれない。困った。さて、どうするか。何気なくカーナビの画面を見ると、いつの間にか復活し、研修所の周辺が画面に表示されていた。それに従って進み、やっとのことで農業研修所に到着。約一時間近く山中で迷った。

わたしは上がりかまちのある玄関の前に立って、呼びかけると奥から伊藤が出てきた。

「小笠原です、どうも。飯舘村までは順調にきましたが、最後で苦労しました」

「ナビですか？」伊藤がわたしの顔を見てたずねる。わたしが「はい」と答える。

伊藤の顔はインターネットの動画で見ていたので、初対面とは思えなかった。彼は七四歳になるが、その年齢にはとうてい見えない。体は引き締まり、ぜい肉はない。元気そのものである。髪を短くまとめているが、髪の量は豊かで、白髪が前髪に少しあるだけである。言葉づかいは丁寧で、人当たりもいい。たいへん好感の持てる人物である。

五月だというのに伊藤は石油ストーブを焚いていた。ここは標高が高い、ということになる。暑い夏はすごしやすいようだ。

わたしたちが招かれたのはダイニングルームで、伊藤によれば古民家を改造した、という。なるほど、床は板敷きで、壁は白く、茶の柱が白壁とマッチしている。ダイニングルームの真ん中に細長い木製のテーブルと木製の椅子がおかれ、左端のテーブルの上にはパソコンとプロジェクターがおいてあって、その先にはスクリーンが立てかけてある。すぐにでも講義ができるようになっていた。

来客は多いようで、きのうは都内の私立高校の教師が妻と自分の両親と福島県二本松市に住んでいる友人を連れてここへきた、という。その教師は昨年末にもここを訪ねてきた、という。そういえば、東京新聞の記者もここを訪ね、取材をしていた。

「ここが情報の発信基地になっているように思えるんですが」

「意識しているわけではないですが、ここから情報を出していくというのが、わたしができる唯一の仕事かな、と思っているんです」

伊藤が決意を語るが、気負いはまったく感じられない。表情は相変わらず穏やかである。

「まずは経歴を」

すぐに取材を始めた。雑談は一切ない。せわしないといえばせわしない。なにしろ時間が惜しい。

「六二年、高校を卒業すると同時に新潟鉄工に入るんですね。いまは会社がなくなりましたが、ディーゼルエンジン何かをつくっている総合機械メーカーなんです」

伊藤が簡単に経歴を話す。

少し説明すると、新潟鉄工は、二〇〇〇年三月期に債務超過に陥り、二〇〇一年一一月二七日、東京地方裁判所に会社更生法の適用を申請し、受理され、経営が破綻。一九六七年頃、新潟鉄工は東京電力福島第一原子力発電所に納入する非常用ディーゼルエンジンを製作していて、伊藤は製造現場を見ていた。

「ですから、わたしは非常に縁を感じて」

六五年頃から、伊藤は労働組合の役員に就任。新潟県で巻《まき》原発の計画が持ち上がり、本来であれば原発反対の先頭に立たなければならなかったが、それはしなかった、という。

「危険だとわかっていたけど、原発ができればディーゼルエンジンは売れるなあ、と。いまにして思えば日和見であったわけです」

伊藤は苦笑し、話を続ける。

「わたしは、この研修所を運営しているソフトウェアの会社に若干いまして、停年でリタイアして新潟に戻っていたんですけど、二〇〇九年の六月にここの計画が持ち上がって、すぐに決まるんですね。管理人がいないから、おまえヒマだろうからやれよって、社長からいわれて」

二〇一〇年、伊藤延由は研修所の管理人になる。

「水田は二・二ヘクタールあるんですね。畑もたくさんあるんです。わたしは百姓をやったことがないんですけど、一人でやったんですよ。一年目がおそらく、ビギナーズ・ラックというんでしょう、けっこう成果が」

「米がとれちゃったんですね」わたしが笑顔でいった。

「はい。会社もそれだったらというんで。まわりには休耕田がいっぱいあるから。六ヘクタールを借り増しして、始める準備をしていたんです」

そして三月一一日、東日本大震災が起き、翌日、東京電力福島第一原子力発電所の一号機が爆発事故を起こした。

大地を穢《けが》す

「飯舘村は地理だけじゃなくて、人のつながりも非常にクローズした世界なんですね。本当にちっちゃなコミュニティーです」

「ええ」とわたしが頷く。

「冬は非常に寒いです。でも、雪は少ないですね。この冬も二センチぐらいふったのかな。あとは一〇センチか、一五センチくらい。ここはクーラーがいらないんです。事故当時、村の人口は、六二〇〇っていわれていたんですね。面積は二三〇平方キロメートルで、そこに六二〇〇人ですから、きれいな村なわけですよ」

伊藤はうれしそうにいう。

「そうですね、そう思います」わたしは道中で、それを実感している。

「それで一七〇〇世帯。割っていただくと三・六いくつかになるんですが、三世代が同居です」

「そうなんですか」

「飯舘村は県の所得統計から見ると、一番下ですね。でも、わたしがここへきて農業をやったのは一年でしたけど、このへんのみなさんとお付き合いをさせていただき、経済統計には表れない豊かさがここにはあるんです。心も豊かですし、食卓も豊かなんですね。三世代同居をしていますから、おじいちゃん、おばあちゃんが家にいて、若手が近くの町で現金収入を得る。年寄りが孫の面倒をみる。ここの特徴の一つかも知れませんが、戦後、開拓で入植していることから、助けあわないと何もできないんですね」

　伊藤が簡潔に飯舘村の風土を語る。

「みんないっぱい土地を持っています。うちはタマネギをつくった。うちはジャガイモをつくった。当然、お裾分けをするんです」

　何だかわかるような社会である。伊藤が話を続ける。

「いまも持ってきてもらっていますが、ワラビだとか、フキだとか、ゼンマイだとか、山菜が豊富にあるわけです。春先に山菜を採って塩づけにして、一年間食べているんです。飯舘村の野菜って、すごくおいしくて、インゲンなんか、かおりといい、歯触りといい、あんなおいしいインゲンは、初めてここで食べました。それはこの気候、風土、朝と昼の寒暖差と土づくりです。豊富な腐葉土とか、堆肥を畑に入れているんですね」

「飯舘は酪農が盛んですね」

「そうなんです。それで堆肥をつくります。インゲンなんかは、市場に出しても特別な値段がつくんです」

飯舘のインゲンは、ブランドのようである。野菜のほかに花卉栽培も盛んで、リンドウやトルコキキョウなどを出荷していた、という。

「たった一年でしたけど、地域に受け入れてもらってですね、本当に楽しい生活をしたんですね」

それがあの原発の事故によってふいになった。伊藤にはその憤りがある。

「二・二ヘクタールとなると大百姓じゃないですか」

「そうなんです。でも、わたし、百姓はやったことがないんですよ。会社はトラクターだとか、田植え機だとか、コンバインを買ってくれたんです。オペレーション（運転）の訓練を二、三回受けているんですけど、そんなにうまく操作はできないわけですよ。そうすると、そばで見ていて『見ていられない。おまえ、おりろ』と。『オレがやってやるから』っていわれて。わたし、練習はしましたけど、田圃は一回も耕しませんでした。田植えもそうでしたし、コンバインもそうでした」

伊藤はいかにもうれしそうな顔で話し、わたしはその話に引き込まれた。さらに伊藤は話を続けた。

「野手神の地区には一三世帯があって、一軒だけ農業をやっていたんですけど、その方以外はみんな農業をやめていたんですね。そうはいっても、まだ農業をやる元気はあるんですね。ですから、ヒマを持て余していたわけです」

「向こうも農業を手伝って、楽しんでいたんじゃないですか」

「はい。いいのがきた、と思っていたと思いますよ。ここは本当に限界集落です。一五世帯あったんですが、わたしがきた時点で二世帯が離農しています」

「ああ～」とわたしが嘆息する。農村の過疎化が、どんどん進み、原発の事故が起きて追い打ちをかけた。

「一三世帯のうち一世帯が農業と林業を兼業にしていて、あとは若手が町に出て現金収入を得ているわけです。ですから、基本的にはここにしがみつく理由がまったくないんですよ」

野手神地区の人たちは南相馬市などへ避難し、そのあと一軒も帰ってきていない、という。花がスクリーンに写し出された。伊藤が解説する。

「今年は終わりましたが、雪がとけると福寿草が咲きます。そのあと水仙が咲き、紫陽花は八月、九月、十月まで咲きます。秋になるとリンドウが咲いて、四月頃の青いモミジがこんな風になります」

わたしと妻がスクリーンを見つめる。赤いモミジがスクリーンに映し出される。

「ですから、居ながらにして紅葉狩りができるんです。自然の恵みがいっぱいなんです。村の木は、赤松でマツタケがたくさん採れるんですよ。近くの人に少し持ってきてちょうだいっていったら、二〇一〇年の秋に持ってきてくれたんですね。八〇〇グラムもありました」

伊藤がまた、うれしそうな顔をした。

道の駅でマツタケを販売し、年間一〇〇万円ぐらいを稼ぐ人もいる、という。しかし、飯舘村の自然の恵みは、それだけではなかった。

「これは巣箱ですけど、蜂がうまく入ってくれると、一つ巣箱で、秋には末端価格で一〇万円ぐらいの蜂みつが採れるんです。これがそうです」

スクリーンには容器に入った蜂みつが映し出された。

「これは二〇一六年に村内で採ったもので、2550ベクレルある。食べちゃいけないんです」

一般の食品の規格基準によれば、100ベクレル以上であれば、食べてはいけないことになっている。むろん、その基準は原発の事故後に引き上げられ、安心して食べられる基準ではない。

「ただ、食べても毒キノコだと七転八倒をしますけど、1万ベクレルのキノコを食べてもただちに七転八倒はしない」

伊藤が皮肉をいう。

「ただちに」

わたしが伊藤に合わせてそういった。原発の事故が起きたとき、官房長官の枝野幸男がいった言葉で、「ただちに健康に害はない」である。その言葉はその後、多くの人たちを惑わすことになり、悪魔の言葉である。

「これ、一キロあるんですけど、村内では五〇〇〇円で取り引きされているんです。これを東京へ持って行くと一万二〇〇〇円で売れるんです。われわれ、米づくりよりもよっぽどいいんじゃないかっていって、『野手神　夕霧はちみつ』というブランドを立ち上げたんです」

伊藤は蜂みつ作りまでやっていた。伊藤でなくてもやりたくなってくる。彼はよほど農業と飯舘村が気に入ったようで、なかなか被曝の話にはいかない。話は巣箱の作り方にまで及んだ。

わたしは現にこうして飯舘村にいて、伊藤の話を聞いていると飯舘村が身近な存在になり、しだいに好ましく思えてくるから不思議である。わたしも伊藤のように飯舘村のファンになりそうだ。

「米もとれたわけでしょう？」

「ふつうであれば、反あたり一〇俵とかがとれるんですけど、ここは六俵だったんですね。つくったのは素人で、水が冷たい、ということもあったんですね。それで村の人に『いやァ、六俵しかとれなかった』といったら、『なに贅沢いっているの、何の経験もないのに六俵もとれれば十分だろう』といわれました」

米は八トンもとれた。米袋がパレットの上にうず高く積み上げられた写真がスクリーンに映し出された。

「さて、この米をどうするかってことになって。そこまでは考えていなかったんですね。急遽、五キロずつに分けて社員とお客さまのところへ配ったんですよ。よかったら買ってくださいっていって」

米は年末までに完売し、自分たちが食べる分も売れてしまった。

「これはモリアオガエル」

スクリーンにモリアオガエルが映し出された。

「川内村は有名で、天然記念物になっているんです。このへんのいたるところにいるんです。モリアオガエルは、農薬を使うようなところには一切出てきません」

それだけ飯舘村の自然は豊かだ、ということになる。

「わたしは七年間、ここでいろんなことをやってみて、原発事故というのは、大地を汚すのではなくて、穢したんです」

伊藤延由が話を締めくくった。穢すとは大切なもの、清らかなものを汚すという意味である。原発から放出された放射性物質が大地を穢した。

コミュニティーの崩壊

原発の事故の話になった。

「爆発音は聞いていないんですか？」

「わたしは全然」

同じ行政区に住んでいた安齋徹は聞いた、といい、伊藤延由は聞いていない、という。

「一一日の夜から一二日にかけて、県道一二号線は大渋滞だった、とあとで聞くんです」

「インターネットを見て避難した人がいた、と佐藤八郎さんはおっしゃっていますが」

伊藤はその質問には答えずにこういった。どうしてもいっておきたかったようである。

「たまたま、今朝、フェイスブックにも出ていたんですけど、一一日の夜から東電の社宅はカラだった。ここは東北電力ですが、電力系、自衛隊、警察、そういう方たちの家には避難したほうがいい、という電話が入った、という話がありますが、わたしはずっとここにいました」

伊藤によれば、役場からの連絡はなかったという。ここには防災無線もない、というのだ。

「とんでもないことが起きそうだ、という予感はありましたか？」

「まったくありません」

意外な返事が返ってきた。伊藤は原発に詳しい、とわたしは思っていたからだ。伊藤が話を続ける。

「一三日の夜に電気がきて、テレビを見ていたんですけど、原発が爆発した、という情報はあるけど、ここから三〇キロ以上も離れているわけですよ。それよりも新潟にいる娘が帰ってきなさい、という電話がきて、でも、ガソリンがないしさァ、とわたしは帰るつもりがなかったのではぐらかしていたんです。じゃあ、ガソリンを持って迎えに行くからといってきたんですが、結果的には帰りませんでした」

伊藤は被曝に対する危機感がなかった。いたって暢気《のんき》である。わたしは意外に思ったが、だからこそ、ここにいる。

「安齋さんの話では、顔がピリピリしたとおっしゃっていましたが」

「そうですね。彼はそういっていましたね。そうなんだと思います」

伊藤は否定しなかった。

「同じようなことをいっている人は、何人かいたんですか？」

「外から帰ってきたら顔がヒリヒリしたとか、鉄が焼けたようなにおいがしたとか、安齋さん以外の人からも聞きました」

安齋と同じような体験をした人がいた。伊藤が話を進める。

「三月二一日に山下俊一先生は、福島で健康上心配ない、と講演をするんです」

伊藤からも山下の話が出た。原発を反対する者にとってその存在は大きい。

「そうでしたね」

「ここからですね。原発の被害の矮小化が始まるわけです」

山下俊一が健康上被害はない、といったその日、飯舘村の簡易水道から基準値を超える放射線ヨウ素が検出され、飲料水が配布された。すでにふれたが、三月二五日、山下と同じ長崎大学医学部教授で、福島県放射線リスクアドバイザーである高村昇が飯舘村で講演を行っている。

「飯舘村へきて、一〇〇人ぐらいの村民を集めて、放射能は大丈夫だ、といっているんです。（著者注『あゆみ』によれば、「いちばん館」に六〇〇人が参加とある）その話を聞いて、鹿沼に避難した人が帰ってくるんです。こういうことをいって村民を被曝させているんです。本当に重罪人だと思います」

配った水は四〇歳以下の人が飲んでください、と高村はいった、という。年配者などはどうでもいい、といっているようなものだ、と伊藤は憤慨する。

意外なことだが、ある時期まで、伊藤延由は菅野村長派であった、という。原発の事故で混乱していた三月二二日、新潟へいったん帰った伊藤は、村長に電話をかけ、飯舘村で米をつくりましょう、と提案した。放射能で汚染された米は販売できないので、多収穫米を使い、それでバイオエタノールをつくり、ガソリンに混ぜて売る、というアイディアである。実際、新潟のＪＡが実証実験をやり、成功していた、というのだ。

「二五日に帰ってきたときに、それを村長に提案しているんですよ。村長はすぐに絵を描いてくれと。そして鹿野農水大臣が役場にきたとき、こういう構想があるんで支援してくれ、と頼み、それはいいですね、といわれたんです」

ところが村民から農作業に際して被曝のリスクはどうするんだ、といわれたという。

「四月に計画的避難区域ということで、四月二二日に発令されるわけですが、村長とはいい関係だったんですよ。村長もここの研修施設ができ、村の目玉になる、ということでわたしも村長とはフランクに話せる間柄だったんですね。五月一二日までは」

一三日からいきなり伊藤は反対派になったという。なぜか。

「村民を被曝させたわけです。要するに４４・７マイクロシーベルトが検出されたとき、それを村民に教えるなと」

伊藤はそのことを知ってから、菅野典雄村長を重罪人だと思うようになった、というのだ。

「葛尾《かつらお》村の村長は、国から避難指示が出る前に、村民を避難させ、国連の人権賞をもらっているわけですよ。わたしは菅野村長にそれをもらってほしかった」

インターネットで葛尾村の松本允秀《まさひで》村長を調べると、伊藤がいう国連の人権賞ではなくて、国際人権団体「グリーンクロス・インターナショナル」が松本に対して「グリーンスター賞」を授与している。

「要するに村長には村民の命を守る立場でやってほしかった。ところが、彼は牛がいるから避難できない、ということで村民を避難させなかったわけです。三月一九日になって、ようやく自主避難ということで鹿沼へ行くわけですけど、わたしはそうじゃなくて、44・7という数字を見たときに、村民に対してとにかく逃げろと」

「その数字が伊藤さんの考えを変えたわけですね」

「そうです。44・7の意味を知ったときですよね」

「日本大学特任教授（環境建築家）の糸長浩司さんは、この村の村づくりにかかわっていましたね」

「ええ。いまの村長の前の代からずっと総合計画に携わっていましたから」

「菅野村長には農業を中心に据えた小さなコミュニティーをつくろうとした意図があったように思うんですが」

「わたしはですね、震災がなければ、あの人は情報発信力だとか、アイディアだとか、ほかの村長にはないようなすばらしい能力を持っていたと思います」

「そうですね、合併のとき、合併すれば飯舘村のよさがなくなる、といって反対しています」

「ただはっきりいえるのは、原発事故の初期対応をまちがった、と。要するに国がいう年間10ミリシーベルト以下はいいという論です」

ここで伊藤と菅野が論争をする。

「わたしらが1ミリシーベルトにこだわると、『伊藤さん、あんたがいっていることは全部正しくはないよね』って。『でも、村長、そうはいっても、村長のいっているのも正しくはないよねぇ』ってことで」

二人の間で、こんなやりとりが交わされ、伊藤がこういう。

「あるとき、わたし、村長に『村長、年間１００ミリシーベルトは大丈夫だと思っているよね』っていったら、『いや、そうではない』といっていましたけど。彼がどうしてああなったのか、わかりません。事故直後から経産省の人間がずっとついていましたから」

経産省の役人がそうさせたのではないか、と伊藤は推測している。

「までいの村ですか、その村づくりをやって最終局面になったとき、震災にあった、と佐藤八郎さんはいうんです。そういうことがあって、人が誰も村にいなくなれば、自分が作り上げた村はダメになるという意識があって、村長は村民を避難させなかった、とわたしは思うんですが」

「それは一面、正しいと思いますね。確かに言葉の端々に飯舘村は、自分の作品だ、というのが見え見えに見えてくるんですよ。ただ、４４・７マイクロシーベルトの危険性がわかっているはずなのに何もしなかったのは、それだけかなァ、と本当にわかりません」

別な理由があるかも知れない、という。

わたしが話を変える。

「伊藤さんは避難されたわけですか」

「わたしは福島市で避難場所はもらいましたが、七割方、村の中で寝起きをしていました」

それでは被曝したことにならないか。わたしがこうたずねる。

「飯舘村は全村避難ですよね」

「ただ、避難しない方もいらした」

「酪農をやっていた方ですか？」

「いやいや、そういうことではなくて、ただちに健康に害はないし、においもないし、最終的に七人、五世帯ぐらいが避難しないまま終わったんですけど。で、二〇一一年一一月に『飯舘村新天地を求める会』を立ち上げたんですけど、実は頓挫しまして、村から圧力がかかって」

飯舘村は線量が高く、人が住む環境ではないとして会を立ち上げた、という。

「どういう圧力があったんですか？」

「一一月一八日に会を立ち上げるんですけど、村からこういう通達がくるんです」

伊藤がＡ４の用紙に書かれた一枚の通達を見せてくれた。

「要するに村の施設では政治活動とか、署名活動はやるな、と。例えば仮設の集会所って村の施設なんですね。そこには管理人として村の職員がいるわけです。そこではやっちゃいかんと」

「露骨ですね」

それこそ、憲法違反である。

「はい。いまの村長がそうです」

それでも会では二〇〇人ぐらいの署名を集め、国会へも自分たちの主張を訴えるために行ったという。

「インターネットをダウンロードして署名を郵送してくれたり、わたし、署名をもらってくるから紙をちょうだい、という方が何人もいらっしゃいました」

会はつぶされたが、それなりの反響はあった、ということになる。

被曝の話になった。

四月二二日、国が村全域を計画的避難区域に指定する。

「翌日、村が受託し、避難が完了したのは七月ですよ」

「そうですね」

「生まれたばかりの子どもも、それまで村内にずっといたんですよ」

伊藤の語気が急に強くなった。言葉に怒りが感じられる。

「そうですね」

「村は可能な限り子どもたちは早く避難しなさい、といったようですけど、何で避難しなきゃいけないかを説明しないんです。いまでもそうですけど、村内で自生した山菜を食べてはいけません、と村はいうんだけど、理由を説明しないんです。要するに飯舘村にまき散らされたのが、佐藤八郎さん流にいえば、毒物なんですね。『ただちに健康に害はない』けど、まちがいなく毒物なので、そういう環境の中にいてはいけないから、早く避難しなさい、といえば、みんなあわてて避難するわけですよ。長泥地区はいまも閉鎖されていますけど、三月末に今中先生がきたときも30マイクロシーベルトを記録するんです。その中に子どもたちがいたんですよ」

村民は七月から仮設住宅に住むようになったが、それが村民にとってストレスとなった。狭いからである。人口密度の低い飯舘村に住んでいる人にとっては耐えられないことである。それでも仲良くしようとする気持ちと外部の支援もあって、新しいコミュニティーが形成される。そこで伊藤は『政経東北』という経済紙に半分金を出させ、村民に対してアンケート調査を実施する。仮設へ入って一年後のことである。アンケートの結果は、四九％の人が戻らない。二一％の人が戻れない、となった、という。合わせて七〇％にもなるが、二〇一八年三月一日現在の役場の資料によれば現に帰村したのは九・二％であることから、さらに帰村する人がへったということになる。

ところが避難解除によって新しくできたコミュニティーが崩壊した、というのだ。

「いままで仮設にいた人が全員村へ帰れればいいですよ。そうじゃない。村へ戻ったのは一〇％ぐらいですよ。そのほかの人は新しい町へ行って新しいコミュニティーで生活するんですね。若い方なら馴染むのが早いでしょうが、年寄りの方はですね、馴染めないわけです」

となりに住むおばあちゃんは、福島市内に家を建て、引っ越して行ったが、居心地が悪くなって伊達市にある仮設住宅に戻ってきた。

先ほどのアンケート調査で、伊藤は体調についてもたずねている。

「震災以前と比べ何となくよくない、と答えた人と著しく悪くなった、と答えた人は八五％です。これは完全な仮設のストレスです。それから自身と家族の通院科目だとか投薬の量が増えましたか、とたずね、六五％も増えているんです。これが原発事故で避難するということの実態です。実はこれを村議会と村長のところへ持って行ったんです。きっとゴミ箱に入っていると思います」

野の科学者

ここからわたしの苦手な科学の話になるが、伊藤はわかりやすく話してくれた。

「自然の循環サイクルに組み込まれた放射性物質は、消す手立てがないので物理学的な半減を待つしかないんです。三〇〇年かけると千分の一になるという事実はわかっています。昨年の一〇月に裏山の土を持ってきて分析しているんですけど、キロあたり４万４８９３ベクレルありました。事故前の土壌の汚染は、10か20ベクレルです。４万４０００ベクレルのうち、約一〇％はセシウム１３４なので二年で半減期を迎えるので、セシウム１３７だけが４万ベクレルあったとすると、三〇年かけて２万、六〇年かけて１万、九〇年かけて５０００、ずっといって、三〇〇年たってもう39ベクレルですから。もう三〇年たつと20ベクレルくらいになるんです」

「ああ〜」とわたしが嘆息をもらした。

「10か20に戻すためには、実に三三〇年かかる」

「そうなりますか」

「それともう一つはですね、八郎さんなんかもよくおっしゃるんだけど、この村で除染のために三五〇〇億円くらいをかけた。でも、除染をしたのは村の面積の一五％で、あとの八五％は除染していないんですよ。そこには放射性物質がある。これがある限り、飯舘村は復興しない。山林の除染がなければ、林業の復興はないわけです」

わたしは頷きながら、伊藤の話を聞いた。

「これはすぐ前にあるモニタリングポストですけど、一昨年の三月、１・２３マイクロシーベルトでした。わたしの線量計で計ると、１・６ぐらいなんです」

スクリーンには真っ白い円筒形のモニタリングポストが映し出される。

「操作しているということでしょうか」

役場の近くに設置したモニタリングポストが示す放射線量が高いので、菅野村長が電源を切った、と安齋がいっていたことをわたしは思い出してたずねた。

「操作をしているか、どうかわからないんですけど、最初に気づいて、村中のモニタリングポストを調査しているんです。そうすると、調査したところのすべてが、モニタリングポストのほうが低いんです」

「ほお〜」

「二割方、操作をしているんじゃないか、という噂が村内に流れました。村議会にはかって、村が測ったんですけど、三三あるうち、三つはほぼイコールで三〇は全部低かった」

「はあ〜」わたしが呆れる。操作したとなると犯罪的である。

「そういう結論が出ているんですけど、県庁は機器の誤差だから仕方がない、という言い訳をしているんです」

県はモニタリングポストの性能が劣っている、といっているが、それについてそれを製作したメーカーはどう答えるのだろう。

伊藤がいう。

「わたしはちがうと思うんですね。だったらどっちを信用すればいいの、と。お上がいうことが正しいとなれば、それこそ、大本営発表ですよ」

わたしたちはスクリーンを見ながら伊藤の話を聴いた。

「除染と称して、屋根に登って瓦をふいています。実は残念なことに、除染したあとに家を解体しているんです」

　わたしと妻は声を出して笑った。こういった場合、笑うしかない。

「ひどい話ですね」わたしがいう。

「まったくの金の無駄遣いですよ。本来、家を解体し、廃材を焼却するなりして平らになったところを除染すればいいわけですよ」

「日本人って、バカじゃないの！」

　思わず本音が出た。かねてよりわたしはそう思っている。

「いや、日本人というよりも環境省ですね。国です」

　ここで伊藤は話を変えた。

「農地はですね、表土を五センチ剥ぎとります。それをフレコンバッグに詰め込んで表土五センチを覆土し、きれいな砂をかけます」

「その砂はどこから運んでくるんですか？」

「山砂です。ですから、ちょっと農業の嗜《たしな》みがある人なら、表土五センチがいかに大切な土かってことがわかるわけですよ。よい土をつくるのに十年かかる、といわれているわけです」

「そうですね」

「山へ行けばいくらでも腐葉土はあります。それを鋤き込んで、さらに堆肥を入れて土づくりをした、そのおいしいところを五センチとっちゃう」

「ああ～」また、ため息が出る。

「で、山砂を入れるんです。一ヘクタールの農地から剥ぎとった土が一〇〇〇トン出るんですね。このフレコンバッグが村には二四〇万個があるといわれています」

伊藤の講義が続く。

「放射性物質が材木の皮についていることは、一〇〇%承知していたんですね。だったら杉はどうかと思って、除染するために伐採された『いぐね』といわれている屋敷林が積んであったのでそれを分析の資料に使ったんです。放射性物質は一年から五年の年輪にあるだろうと思って分析したら、樹皮に五〇%、師部といって皮のすぐ下に二三%。一年から五年の年輪にはほとんど入っていないんですね。〇・〇三%ととか。〇・〇二%なんですね。芯部に一九%も入っている」

木材の芯に放射性物質が浸透している、という。

「因みにこの杉材はですね、所有者の男性の誕生祝いに、おじいさんが植樹したもので、樹齢一〇〇年の木なんですね。一〇〇年かけて育て杉材の商品価値を失わせるのが原発の事故なんです」

伊藤がスクリーンを見ながら憤った。

伊藤は線量の測定や食品の分析だけでなく、木の分析もやっていた。まるで野の科学者である。だから、メディアから取材されたり、反原発集会に講師として呼ばれ、講演をしている。伊藤延由はそれだけの人物なのだ。

「杉だけですか?」

「杉だけです。どうしてここへ入るのか、わかりません。そもそも杉の芯部というのは、細胞学的には死んでいる組織だそうです」

「こういうデータってないでしょう。調べた人はいるんですか？」

「いや、ありますけど、発表はしていないですね」

林野庁が調べていた、という。伊藤がSNSにデータを発表するとすぐに林野庁が反応し、汚染の度合いは800ベクレルだとした。なぜ、林野庁が反応したかといえば、地産地消の観点から公民館である「ふれあい館」や「道の駅」に飯舘産の杉材を使う計画があったからである。

「林野庁は村の広報で、800ベクレルの柱と板で部屋をつくって一年間住んでも大丈夫だ、といったんですね。年間22マイクロシーベルトの被曝だというんですけど、おい、おい、待てよ、と。飯舘村は被曝するところはいっぱいあって、22じゃすまないぞって」

伊藤が発表したことにより、以後、村は地産地消とはいわなくなった、という。放射性物質で汚染された木は、材木として使えないばかりか、薪にもできない、という。薪にしてストーブで燃やせば一〇〇倍に濃縮するという。薪が4000ベクレルであれば40万ベクレルの灰が出る、というのだ。

伊藤がこういう。

「山に行けば燃料がふんだんにあるわけですよ。ここにも薪ストーブを入れたんですが、それが使えなくなったんです。一番エコな生活だと思っていたのに、一番危険な生活になってしまった」

ここで伊藤の話が変わる。

「二〇一五年、原発事故後の木はどうなっているのか、コナラとマツとモミジの幼木をとってきました。これ、一年生なんですけど」

わたしと妻がスクリーンを見る。伊藤はコナラから説明する。コナラの実がドングリである。

「一年目は若干、汚染されたドングリから栄養をとりますが、葉っぱにはほとんど放射性物質は出ません。ところが二年目になると、いきなり、自分の根から養分を吸いこんで、葉っぱに出るんですよ。マツもそうです。一年目は陰も形もない。三年目になると増えてくる。モミジもそうです。コナラは二五年たつとシイタケの原木で出荷するんです」

「ああ〜」またしてもため息が出る。

「ということは三〇〇年間、コナラの原木から採れたシイタケは出荷できない、ということなんです。これは除染していない土壌です」

話が進行し、わたしがスクリーンに目をやる。

「長さ三〇センチのパイプを土中に刺し込んで土壌を採取します。五センチずつ刻んでセシウムの量を測るんです。合計で3万6878ベクレルなんですけど、九八%は五センチの中に入っている。ですから、農地の表土を五センチとるというのは、ある意味正しいんですね」

「なるほど」とわたしが頷いた。

「でも、この下には1500、1600、1700ベクレルがある。農地は原発の事故前は10から20ベクレルだったんです。これが汚染の実態なんですね。これはですね、すぐ近くにあるお宅の宅地です。1万8588ベクレルあるんですが、この方は事故後すぐに長野県信濃町に土地を買って農業を再開しています。そこの宅地は51ベクレルです。この51ベクレルも、福島から飛んで行ったのが入っています」

わたしは伊藤の話に呆然とした。原発は本当に罪づくりである。改めて放射能は恐ろしい、と思った。そのことはわたしだけでなく、多くの人たちに共有してもらいたい。その願いがわたしにはある。だから原発のことを書くのだ。

「ここの飲料水は、どうなっていますか？」

わたしはかねてより聞いてみたいと思っていたことである。

「ここはですね、五〇メートルの下から汲み上げているので大丈夫です」

「そうですか」

「水はわたし、ずっと測っていますけど、澄んだ水からは、放射性物質は出ません。二〇一一年の四月から調査を始めているんですけど、田圃も貯め池も上澄みの澄んだ水からは出ません」

意外である。澄んだ水なら、放射性物質は検出されない、というのだ。近くに沢の水を飲んでいる人がいて、その人が持ってきた水を測ったら、放射性物質が出てきたという。容器の底に落ち葉の腐ったのが入っていたからだ、という。

山菜の話になった。

「同じ場所で採っているんですが、フキノトウはことし61ベクレルまで下がっています。ヤマウドなんかは、ここでちょっと上がりましたけど、最初から食べられる状態です。ここは除染の効果だと思います。タラノメは異常な数値を表すんですね。３００、７００、３００、７００、昨年、３００だったのが、いきなり、26まで下がるんですね」

コシアブラやワラビも上がったり下がったりする、という。

「理由はわからないわけですか？」

「わからないんです。ハチクなんかもそうですね」

そこで伊藤はウドと土壌との関係を調べる。

「ここから二キロ離れた沼平というところに、わたしは住んでいるんですが、そこにあるウドから2463ベクレルが出たんです。ところが土壌は、8000ベクレルで低いです（著者注 8000ベクレル以上であれば、法により適切な方法で放射性物質を安全に処理しなければならないので、伊藤は「低い」といった）。ですから、土壌のセシウムの濃度だけでない、移行のメカニズムがあるというのはわかってきているんですね。土壌の水分量が影響していることが一つ、土壌にカリウムがあるとセシウムを吸収しないというのがあるみたいですね」

肥料のカリウムをやれば、セシウムを吸収しないらしい、という。飯舘村で栽培したダイコンやハクサイなどの野菜は道の駅で売られ、伊藤がその検査をやっているが、ほとんどセシウムは検出されなかった、という。

伊藤は分析だけでなく、そうなった理由を研究していた。こうなると立派な科学者である。すでに放射性物質の分析研究では欠くことのできない人になっているのではないか。

「キノコは最悪ですね。こんなケースもあるんですね。7万6000ベクレルあったキノコ、翌年、500ベクレルしかないんです。マツタケも一本ごとにちがうんです」

そして伊藤はこういった。

「放射性物質は、測定すればするほど本当に不可解。理解不能なんです。わたしは昨年と今年、高木基金（著者注　高木仁三郎市民科学基金）をもらって調査をして、いま最終報告書を書いていますが、われわれ素人にはわかりません、というのがわたしの結論です」

原発の事故があってよかったねぇ

スライドを使った伊藤の講義が終わった。ここよりいつもの取材になる。最初に役場の職員である、杉岡誠のことをたずねた。事実を確認したかったことと、杉岡のことをもっと知っておきたかったからである。佐藤八郎がいっていたように三月二八日と二九日、今中たちを案内したのは杉岡だと伊藤はいった。

「杉岡さんが車を運転し、村内を隈なくまわって測定したんですね」

「どのように測定したんですか」

「いまはＧＰＳがついていますから、ＧＰＳのポイントにデータを落としていくわけです。それで　二九日に測定が終わり、村長に報告したときに、村長はこの調査結果を公表しないでくれ、と口止めをするんです」

「今中先生に？」

「今中先生に。今中先生にしてみると、村から便宜供与を受けているんで、それを無碍に断るわけにもいかないし、これをそのまま隠すということは、村民を被曝させることになるので、二日後ぐらいに京都大学原子炉実験所の安全グループのホームページに調査結果を掲載したんです」

それはよいことだ、とわたしは思う。

「話は変わりますが、伊藤さんは、これまでの被曝線量を記録し、人体実験をしているように思えるんですが」

話を被曝の問題に導く。

「わたしは決して人体実験をしているとは思っていません。よく聞かれるんですけど、何でこんな場所に留まっているんだと。モニタリングポストにしてもそうですが、国が本当のことをいわないからです。飯舘村ってこんなになっているんだよ、という情報が出ていない、ということです」

だから飯舘村から情報を発信する、というのだ。

「晩発性のがんがわたしに出たとしても、がんが顕在化するのは、二〇年後か三〇年後で、その頃は寿命だよね、って、冗談半分にいっています。ただ、必ずしもがんばかりじゃなくて、体調が思わしくないとか、要するに被曝そのものが活性酸素を発生させて免疫力を落とすこともあります。わたしは、いまのところいろんな不具合がありますけど、それが老化なのか、被曝なのかわかりません」

ここで活性酸素について調べる。

活性酸素は毒性が強く、体内の細胞を酸化させ、病気を引き起こす原因になる、といわれている。その一方で、体内に侵入してきた細菌を取り除く働きがある、というのだ。

「反原発のチラシの中に福島県立医科大学での死因の記録がありまして、白内障が二〇一〇年を一〇〇%として翌年は二倍に増えていると。狭心症、脳溢血、肺がん、食道がん、胃がん、大腸がんなどが増えている、というデータが、二〇一二年まで出ていて、そのあとは出ていないわけです。それとは別に福島県は急性心筋梗塞が以前から高く、現在、男女ともに日本一というデータがあるんですが、今後、被曝に由来する病気が増えるとわたしは思っているんですが」

「それはありだと思っています。ただ、問題なのは証明ができない、ということです」

これについてはどうしてもそこへ行きつく。

「今年の四月から、小中学校の生徒七五名と園児二九名がスクールバスで通園・通学をするようになりましたが、これについてどう考えていますか」

「わたしは暴挙だと思います。放射線に対する子どもの感受性は、大人の二〇倍とか一〇〇倍といわれているのは事実ですよね。年寄りががんになっても、なかなかというのは、がん細胞そのものの増殖が少ないせいですよ。子どもは生まれて一年間で体重が二倍になるということは、細胞の増殖がそれだけ速い。子どもたちにとって、一番華やいでいる二〇歳とか、三〇歳のときに、がんになって臥《ふ》せるわけです。その確率が高まるということは事実ですから、汚染されたところへは絶対に行かせるべきではないですね」

伊藤が力説する。

余談になるが、伊藤の近所の高齢者二人が、がんになり、すぐに死んでしまった、という。被曝して免疫力がなくなったからではないのか。同じようなことは松戸市議の増田薫もいっていた。のちに知ったことだが、胃がんや肺がんの患者の余命がチェルノブイリの事故前では五〇カ月であったのが、二カ月に短縮した、というウクライナの学者が書いた論文があることを京大原子炉実験所の今中元助教が報告している。

　伊藤の話が続く。

「限界集落の村で子どもたちが村の発展に果たす役割はすごく大きい。例えば学校があることによって、学校の行事が村の行事になって、みんなで盛り上がる。それが村おこしになることは否定しない。でも、この村がそれに値するかどうかです。わたしは八郎さんや安齋さんには叱られるかも知れないけど、この村は絶対に人が住んではいけない。ですから、学校再開なんてとんでもない暴挙だと思います」

「そうですよね」

「同じ日、ほかの自治体では新入生が一人か二人というところがあるんですね。飯舘村は桁違いでしょう」

「そうですね」

　一〇月五日付の東京新聞（朝刊）が次のような記事をのせて書いていた。それを引く。


　原発事故による避難指示が解除された福島県の九市町村では、小中学校再開後の児童生徒数が、事故前の9％にとどまる。五人の六年生しかいない川俣町の山木屋小は、来春の入学予定者がゼロの可能性が高く、再開一年で休校するかの判断を迫られている。

「お母さん方を非難するわけにはいかないけど、それは一切の教育費が無償だからですよ。それって、いつまで持つか、ですよ」

　そしてこういう。

「子どもの被曝を避けてやれるのは、親だけです。その親たちが被曝のリスクを考えていないというのは、村政の基本に被曝のリスクがないからですよ。だから、わたしはよく皮肉ぽっく、飯舘村にある放射性物質は、安全な放射性物質なのかといっています」

　そして村が発行した『までいの村にまた陽は昇る』をこう批判する。

「これはですね、さすが財政豊かな村だと思いますね。わたしはこの村が陽がまた昇るとは思っていません。わたしがここへきた二〇一〇年の当初予算は四一億ですから。昨年は二一二億です。それは村長が本村は反核の旗手にならないと宣言して、国にすり寄った成果だと思います。そういう意味ではすごく偉い人だと思います」

　伊藤延由が皮肉った。

　伊藤は、昨年の八月、成田市にある徳州会病院で開催された、「事故にかかわる生物の影響」というテーマの勉強会に出席し、発言している。変異が見られたのは蝶のヤマトシジミとワタムシという小さな虫だという。ヤマトシジミについては琉球大学の大瀧研究室が研究をしている、という。

「ヤマトシジミは原発の事故前からずっと調べているんですよ。二〇一二年に飯舘村のヤマトシジミをとって琉球大学に送るんです。そうすると大瀧先生が分析してくれて。伊藤さんが送ってくれた中にははっきりした奇形が三羽いたというんですね」

　伊藤にはとにかく、驚かされる。ヤマトシジミを調べていたのだ。

「ヤマトシジミの論文をご覧になるとわかるんですが、最初に奇形が出るんですよ。三回目、四回目へいくと、奇形がなくなります。それは放射能を浴びて奇形になって、死んで、それが淘汰されて元に戻るんです」

わたしが伊藤の話をじっと聴く。

「ヤマトシジミは年に六回か七回、人間にすると、寿命が八〇歳だとすれば、八かける六で、四八〇年間のサイクルが一年のうちに起こるんでわかるんです」

伊藤は被曝した人の将来を暗示するような話をした。このことをここに記録する。

「最後に飯舘村の将来、あるいは国、東電、村に対していいたいことはありますか」

「原発事故の実態と飯舘村が被った放射能の被害をきちんと明確にすることだと思います。これなくして飯舘村の復興はないですよ。本当に放射能が下がってきて、何ともなければ、帰ってくるな、といわれても村の人は帰ってきます。いま帰っても線量は一〇倍、二〇倍の世界です。避難指示を解除するというのは、生まれたばっかりの子どもが帰ってくるということなんです」

伊藤はすっかり飯舘村の村民になっていた。それも飯舘村をこよなく愛する村民である。

余談になるが、次の話をもって伊藤延由の話を終えたいと思う。

「わたしですね、村長と一対一で会ったときいってみようと思っているんです。『村長、原発の事故があってよかったねぇ』と。そうすると、わたしも村長にいわれるんです。『おまえも元気になったのは、原発の事故のせいじゃないか』と。本当です。元気になったのは原発事故のおかげです」

◉第三章――大熊町からの報告

母ちゃん町議

六月四日、大熊町の町議会議員である木幡ますみと会うことになった。わたしが彼女を選んだのは、東京で開催された反原発の集会で、被曝の話をしていて、インターネットでその動画を観たからである。いうまでもなく、わたしのテーマは原発による被曝で、それに彼女は合致していた。

大熊町には事故を起こした福島第一原子力発電所の一号機から四号機があり、ここが事故の発生地である。そのため一万一〇〇〇人以上の町民は甚大な被害を受け、全町民が町の外に避難した。国は町民を町に帰還させようとしているが進んでいない。いまは宿泊準備の段階である。それだけ大熊町は放射線量が高く、汚染されている、ということになる。実際、二〇一六年六月六日に公表された福島県民健康調査報告書によると、大熊町の小児甲状腺がん及び疑いのある子は三人である。

原発が稼働したのは、一九七一年三月で四七年が経過し、事故の前に被曝した人も存在するかも知れない。それらのことが考えられるので、わたしは木幡ますみに取材を申し込んだ。彼女は快く引き受けてくれて、午前一〇時、会津若松駅の改札口で会うことになった。木幡は避難先の会津若松市に住んでいるからだ。

わたしが車で行くと伝えると、駅の近くにミスタードーナツの店があり、そこを使えば駐車料金はかからない、と教えてくれた。女性ならではの発想である。

今回もカーナビ任せで、それに従い国道四号線を離れる。カーナビは山あいの塩原温泉郷を経由するコースをとった。目の前におむすびの格好をした新緑の山がポッコ、ポッコと現れる。しばらく平地を走り、やがてクネクネとした山道を登ったり、下ったりしながら、五時半、道路の両脇にホテルや旅館が建ち並ぶ塩原温泉郷を通過する。対向車も少なく、温泉街に人はいない。車は田島町に到着し、水の少ない阿賀野川を車窓に見ながら、古民家が並ぶ街道を抜け、八時ちょうどに太陽が頭上でギラつく会津若松駅前付近に到着した。

ミスタードーナツの店内。簡単な挨拶を交わし、小さなテーブルを挟んで向かい合う。木幡ますみは小柄な女性だが、見るからに働き者の母ちゃんといった感じである。たくましく、そして人懐っこい。目がくりっとし、誰からも好かれそうなタイプである。つい最近、トルコから帰国したばかりだ、といった。フランスには二度、チュニジアや韓国にも行って、日本の原発に関する情報を報告している。木幡は二〇一五年一一月、町議選に出馬、一二名中第二位で当選している。

「おつれあいの方が、町長選に出られたそうですが」

「落ちたんですけど。わたしが出したんです。お父さんに出ろって」

「そうでしたか」

「本当は出たくなかったみたいなんですけど。でも、一人出ないとダメでしょうっていって。うちの夫、どっちかっていうと話が下手なんですよ。そのときは病気したばっかりで、具合も悪かったから、みんなも多分、落ちるだろうと思っていたんですけど」

因みに二〇一一年六月、ますみは自分の腎臓を夫の仁に提供している。

町長選挙が行われたのは原発の事故が起きた二〇一一年の一一月で、対立候補は現町長の渡辺利綱である。木幡仁は一期町議を務め、町長選に出馬した。渡辺が三四五一票を獲得し、木幡は二三四三票である。

木幡は腎臓移植という大手術をやったわずか五カ月後に町長選挙に出馬している。妻の薦めがあったというが、反原発という強い意志がそうさせた、といっていい。同じことは腎臓を提供した妻のますみにもいえる。

「東電の仕事に従事している大熊町の人は、何割ぐらいいるんですか？」

「事故の前はお金がいっぱい入ってくるから、大体、七割」

それなら大熊町は典型的な東電の企業城下町で、そういうことでは善戦だった、といっていい。

夫は原発を認めない立場で町長選に立候補したが、ますみの義父も原発をつくることに反対し、町長選挙に出馬している。木幡家は父親と息子、親子二代にわたり原発の設置に反対してきた、ということになる。五〇〇票の差で負けた、というから接戦であった。ところが選挙後、義父は不審死を遂げた、と木幡ますみはいう。自分の派の議員を増やそうと思い、川内村に近い中屋敷《ちゅうやしき》に出かけ、帰りの夕方、のっていたバイクごと水道工事の穴に突っ込み、死んだという。行きには工事現場にバリケードがあったが、帰りはなかった、と聞いていた。義父は酒が飲めない人で、酒気帯び運転ではなかった。

「まわりの人は、あれ、殺されたんじゃないって」

そんな噂が町に立った。

木幡家の歴史からすれば、ますみが原発反対を主張するのはごく自然の流れであった。また、郡山に住み、教師であった父親は原発に反対し、福島の原発が事故を起こせば、郡山も汚染するといっていた。

ここで夫婦が書いた『原発立地・大熊町民は訴える』（二〇一二年五月、柘植書房新社）の奥付から夫婦の簡単な経歴を紹介する。まずは夫の木幡仁である。一九五一年生まれ。東北大学工学部中退。双葉郡農業協同組合理事とある。ますみによれば農業委員をやっていた、という。次は妻のますみである。一九五四年郡山市に生まれる。一九七八年一二月、結婚を期に大熊町野上に住む。

「なぜ、仁さんは大学を中退したんですか？」

「奨学金で大学に行っていたんだけど、生活が非常に苦しくて」

東北大学を退学せざるを得なかった、という。

「仁さんは、山仕事なんかをやって苦労した、と集会で話されていますが」

「山仕事とか田圃とかをやっていたんです」

「ブタを百頭ぐらい飼っていたそうですね」

「ええ。でも、うちの子は、三人なんですけど、うち二人はすごく体が弱い。アレルギー体質なんですよ。ブタもいろんなアレルギーがあって、それじゃダメだ、と思って。ブタはやめて、シイタケとかをやったんですけど、近所の人から勉強を教えてくれないかといわれ、家庭教師をしていくうちに、人数が多くなって塾を始めたんです」

惨事を救った

二〇〇四年、福島第一原発の構内にある会議室で開催された原発モニター会議に木幡ますみは出席。その席には社長の勝俣恒久やのちに福島第一原発の所長として事故処理の陣頭指揮にあたり、がんで死んだ吉田昌郎が出席していた。

木幡はモニターになることを願っていたが、簡単にはなれなかった。東電社員の奥さんとか、東電社員の親戚でないとモニターにはなれない。要するに原発に反対する人はなれないというのだ。そこで木幡は友だちの東電社員に頼んで、モニターになった。

モニター会議の席上、木幡が発言する。

「それで勝俣に『自家発電を高いところに上げてくれ』と。あとは洗濯屋さん。原発内で使用した物を洗うところが自家発電の上にあるんですけど、この仕事は被曝して危ない。労働条件が悪いだろうって」

木幡が東電の幹部に抗議する。

原子炉がメルトダウンしたのは地下にあった発電機が津波によって海水に浸かり、機能を停止し、水で原子炉を冷却できなくなったからである。もし、社長の勝俣が木幡の意見を聞き入れていれば、あのような大惨事にはならなかったはずである。それにしても木幡は震災の前にそのことを予言し、その通りになった。これは大事なことで記録しておかなくてはならない。

しかし、山田が『初期被曝の衝撃』で、「原発事故の原因は津波である」と言い切れるものだろうか、と疑問を呈し、次のような三点によって放射能漏れが起きた、としている。

①地震があって配管など弱い部分の亀裂や破損があり、
②津波が来て電源を喪失して冷却が困難になり、
③冷却水弁やベント弁などの操作に人為的ミスがあった。

としている。③の冷却水弁やベント弁は使い物にならなくなっていたと考えられる、と木幡はいう。とにかく、原因は一つではないというのだ。とはいえ、木幡は最大の原因である津波による電源の喪失を予言していたので立派といわざるを得ない。

「木幡さんは、洗濯屋さんのことも東電の幹部に話したんですか」

「防護服を洗ったりする洗濯屋さんがあるんですよ。東電はもったいない、といって防護服を洗っているんです。そこで働いているのは、末端の下請けなんですけど、暑いから腕を出し、素肌をさらして仕事をしている。ここは放射線量の高いところで、それで被曝した」

　ここで初めて木幡から被曝の話が出てきた。やはり、大熊町は原発のある町で、飯舘村とはちがう。そして先ほどの自家発電の話に戻った。

「津波がきたら、どうするんだって、わたしは勝俣にいったのね。そうしたら、あんたにいわれる筋合いじゃないって」

　そして勝俣は地震なんて起きない、と木幡にいう。

「慶長の時代に磐城《いわき》で大地震は起きている！」と木幡がすぐさま反論する。

「何でそんなことがわかる！」

　二人の間で激しい言葉が飛び交った。

「わたしのおばあさんの実家は磐城だから、それで聞いている」

　木幡が反論し、勝俣に詰めよる。

「だから、絶対に自家発電は上に上げなくてはいけないし、地震対策、津波対策はしなくちゃいけない。なんだったら、きょうからでも原発を止めてもらわないと困るっていったの。そうしたら、会場がわァ～となって」

　このようなことをいえば、そうなってもおかしくはない。

「それで勝俣はコストがかかるんだから、やれないといい、この当時、津波対策課長だった吉田に対して『吉田君、この方はわかっていないみたいだから、あなたから説明してくれ』って。吉田は体がでっかいのに小さな声で『コストがかかるんです』といった」

木幡の語調がさらに強くなる。

「コストじゃないでしょう！　人の命がかかっているでしょう！　作業員を死なしていいのかって。メルトダウンしたら、誰が責任をとるんだっていったのね。そういったら、メルトダウンはするはずはないっていうから、そうなったら、あなた方はどうやって責任をとるんだっていったら、勝俣はこういった。『あなたに謝りに行きます』と」

だが、勝俣が木幡のところに謝りにくることはなかった。

事故が起きる数日前から浜通りで前震が始まり、木幡は勝俣に電話をして原発を止めるよう要請しているが、聞き入れられることはなかった。もし、聞き入れられていたら、このような大惨事にはならなかった。それを思うと、返す返すも残念でならない。人為の事故によって多くの人たちの人生を変え、耐え難い苦しみを与えている。

東電は原発に反対する木幡仁を取り込もうとして、月給一〇〇万円で東電の社員にならないかと持ちかけたが、仁は「武士は食わねど、高楊枝」といって断った、というのだ。

ドキュメント逃避行

木幡ますみは、震災があった三月一一日のことを反原発の集会で次のように語っている。

「震災のとき、わたしはメール宅急便の仕事だった。何か、その日、仕事はやりたくなかったんですよね。大熊、双葉、浪江と配達してきて、お茶飲みしようかと思って。わたしの友だちがやっている喫茶店に行きまして。そこはおもしろいところで、原発作業員の家族の方とか、東電社員の方とか、女性の議員とかが集まるところで、わたしと同じような気持の人が、集まっていたんですよ。『きょうはなんか、疲れてさァ、つまんなくてさァ、だからお茶飲みにきたんだ』といつものメンバーが全員集まった。お茶を飲もうとした瞬間にいきなり、すごい地震が起きて、なにこれと思って。九十何歳のおばあちゃんがいたので、みんなで彼女を守ったりして、そのときにいた女性の二人が亡くなられています」

六人がいて、二人が死んだという。なぜ、死んだかとたずねたが、プライバシーの問題があるので答えられない、というのだ。

次に自宅から原発までの距離をたずねると、七・二キロだという。原発とは至近距離にあった。

このとき、大熊町は震度六強といわれていたが、のちに七に訂正している。

「地震が収まったとき、木幡さんは原発のことを考えましたか」

「原発がわたしたちの町にあるから、もし、地震か何かが起きたら大変よね、ってみんなで以前から話をしていたの」

「そのあとどうしましたか？」

「大きな地震がきたから、みんなで帰ろうということになって」

「喫茶店から自宅まで車で帰ったわけでしょう。地震後、町はどうでしたか？」

「建物は崩れ、地割れがして大変だった」

「原発はどうでしたか？」

「原発から多くの作業員が逃げてきた」

木幡は簡単にいっているが、想像すると恐ろしい光景である。作業員は職場を放棄したことになる。

「それで家に帰りました」

「家に帰ったら、議員の夫が役場で会議をやっていていなかったんです。しばくして夫が帰ってきたんで、原発を見に行こうと思って、わたしが車を運転して」

双葉病院の近くまで行った。

インターネットで双葉病院を調べる。

双葉病院は福島第一原発から四、五キロの位置にあり、事故当時、認知症などの患者三四〇人が入院。近くには同病院が経営する老人介護保健施設「ドーヴィル双葉」があって、九八人が入所していた。救出に際し、死者を出し、事件となった。原発の事故がなければ死ななかった人たちで、事故による最初の死者といっていい。

二人は双葉病院の近くで、塾の教え子だった原発作業員と出会う。

「先生、もうダメ。行っちゃいけないよ。原発の中はめちゃくちゃだ。配管が天井に上がったり、落ちたりして、大変だ。行ってはいけない」

と木幡たちは教え子から制止された。

二人は原発へ行くのを諦めて野上の自宅に戻る。

「明日、息子の受験だよなァ、と思って、お父さんに水の確保を頼んで、一一日の夜、仙台へ行ったんです」

東北大学で大学入試があったからだ。

「あれほどの地震ですから、試験は中止になるとは思いませんか。それとテレビは見なかったんですか」

「テレビは停電で見なかったです」

電話も通じなかった、という。飯舘村もそうだった。そしてこういう。

「やるかも知れない、という期待感を持って仙台へ行ったのね」

試験会場になっている東北大学に到着すると、正門に本日の試験は中止という張り紙と原発の事故があって、福島県内には立ち寄るべかずの張り紙も貼ってあった。

政府は三月一二日、午前五時四四分、半径一〇圏内に居住している人たちに対して避難指示を出し、大熊町の町民の避難が始まる。ネットで調べるとそのときのことが次のように書き込まれていた。

「マイカーのほか、政府が手配した大型バス約四十台が投入され、八時間で町民の一万一〇〇〇人の大多数が町外へ脱出した」

「三月一二日、午後三時三六分に一号機が爆発しましたが、その時間、木幡さんは何をしていましたか？」

「仙台にいて、爆発したことを知り、買えるだけ昆布を買ったんです」

「それから」

「仙台から帰ってきたのが一二日の夜。息子と原発から五キロ先にあるオフサイトセンターへ行ったんです」

オフサイトセンター（福島県原子力災害対策センター）とは、緊急事態応急対策拠点施設のことをいう。町民はすでに避難したあとだが、オフサイトセンターには人がいると思い、行った。木幡は車の外に出ると危険だと思い、ガラス越しにオフサイトセンターを見ると、白い防護服をきたオフサイトセンターの職員の一人が、外でたばこを吸っていた。それを見て、木幡は強い衝撃を受ける。あまりにも無防備だったからである。

「それから役場にちょっと行って。役場に人がきていたのね。おじいさんとおばあさんが。逃げ遅れたんだろうと思って」

「町の人は、全員、国が手配したバスで逃げたんじゃないですか？」

「それが、あのバスって、双葉町も大熊町も全区域には行っていないの」

「えっ、そうなんですか！」

「地区の人からあとで聞いたんですが、わたしのところは、国道二八八号線沿いなんだけど、双葉町も大熊町も山のほうは、何も役場から聞かされていない。わたしの家の前をバスが通って行くのね。夫がバスの車体をどんどん叩いたんだけど、一度も止まらないで行っちゃった」

「ひどい話じゃないですか」

「部落のみんなは、山だから捨てられたんだと」

「それからどうしたんですか」

「部落で話し合って、めいめいが貯金通帳とか、大事な物を持って行けってことに」

なった、という。木幡によれば、団結力のある部落で、みんなは冷静に行動した、というのだ。

夫の仁は三月一二日、地区の人たちと話し合い、それぞれが車にのって国道二八八号線を使って中通りに向かって逃げることになった。

仙台から帰ってきたますみと息子とそしてもう一人の息子の三人は、三月一四日に自宅を出発するが、避難が遅れたのは犬や猫がいたからだ。

「うちに犬と猫がいっぱいいたんですよ。それを連れて行くかどうかで、みんなで迷って、車が小さいからのせられなかったんです。犬や猫たちはなぜか、みんな並んでわたしたちを見送っていました」

犬が一匹と飼いネコが二匹と野良猫が一匹いて、彼らは事態を察知したことになる。その光景が目に浮かび、切ない。木幡は思い出すのが辛いのか、それしかしゃべらなかった。ますみは犬の鎖を解き、犬と猫に水と餌を十分に与え、心を鬼にして自宅を後にしている。ペットに関しては後日譚がある。

「それでどこへ行ったんですか?」

「中通りに向かった。途中、大熊町の人に会い、田村市の総合体育館へ向かった」

「なぜ、そこへ避難したんですか?」

「風の方向などを見て、わたしの実家は郡山なんで、郡山へ行こうと思ったんですね。避難する途中、コンビニで同じ地域の人と出会ったんですよ。彼女は田村市の体育館にいると聞いて、そこへ行ったんです」

体育館にはとなり町の双葉町の人たちも避難してきたという。彼らも国道二八八号線を使ってきたのだ。

政府から一〇㎞圏内の避難指示が出た一二日の朝、大熊町は受け入れ先を探し、田村市と決めていた。夫の仁は町が決めた田村市の体育館へ行き、ペットのことで逃げ遅れたますみと息子たちと体育館で合流する。体育館に着いてから、木幡は、

「わたし、役所の人にヨウ素剤を飲ませたでしょうって、いったのね。そうしたら、原発の町なのに、どこにあるかわからないって。それでわたし、仙台で買ってきた昆布なんかをそこにいた子どもたちと友だちにあげたんです」

大熊町や双葉町で取り残された人たちが、自衛隊の車両によって体育館に避難してきたのは三月二〇日すぎだった、と木幡はいう。三月一二日に一号機が爆発し、それから一週間以上が経過している。取り残された人たちは相当被曝した、といってまちがいはない。

「体育館での生活は、どうだったのでしょう」

「みんな何も持ってこなくて。段ボールの箱を崩したところに寝たりして」

その光景は容易に想像できる。

「四月になって、双葉の人たちといっしょになって会津へ移って行ったんですよ」

なぜ、町民の一部が会津若松市へ避難したかというと、大熊町の町議の義兄が、会津若松市の市長をやってきたからだ、という。ちょっとした縁でみんなが避難している。

まだ仮設住宅がつくられていなかったので、役場が借り上げたアパートやホテルに泊まった。それから大熊町の仮設住宅は、会津若松市といわき市につくられた。

ここで犬と猫のその後について書くことにしよう。

体育館に着いてから木幡は、犬と猫を飼っていた友だちと防護服を買い、それを着てときどきおいてきた犬と猫に餌をやるために大熊町の自宅へ行っていた。

「猫は何かにキズつけられたんだね、体中にキズがあって。愛犬のポチは、ポチ、ポチと呼んだら、ガリガリに痩せてキズだらけで出てきたのね。ポチが一生懸命、猫を守ったみたいなのね。家のまわりをウロウロしていたと思うのね」

そのとき再会したのは、ポチと猫一匹だった。

六月一日、ペットを迎えに行ったら、猫は死にポチだけが生きていたので、ポチを連れて帰り、保健所で検査してもらった。

「かなり、この犬、弱っていますよっていわれて。あの当時、七歳になったばかりだったのね。心臓が弱っているっていわれ、それで原発だな、と思って。そのときはホテル住まいで犬が飼えないから、福島市に住んでいる夫のいとこが家の中で飼ってくれたの。いままで外で飼っていた犬が、家の中の生活をおぼえ、帰りたくないって」

「いまその犬は元気ですか？」

「二〇一一年六月に連れてきたんだけど、二〇一五年の六月に亡くなった。火葬して、息子が骨をたらちね測定室（著者注　正式名称はＮＰＯ法人いわき放射能市民測定室たらちね）に持って行って検査したら、ストロンチウム90が」

「出た？」

「出た。３・３９ベクレル。それぐらいでも大変なことで、いわき市議会議員の佐藤和良さんが司会をしている東電交渉があるんですけど、わたし、みんなの前でいったんです。『うちの犬からストロンチュウムが発見されましたと。これは自然界にないから、原発だね』っていったら、東電の人は何もいわないで黙って」

しまったというのだ。

「福島県立医科大学附属病院の記録によれば、原発事故後、白内障、狭心症、脳溢血、肺がん、食道がん、胃がん、小腸がん、大腸がん、前立腺がんが増えた、というデータがありますが、身近な人でそのような人はいますか？」

「実家は郡山で、そこも線量が高いんですよ。甥っ子は京都の私立大学に行ったんだけど、原因不明の熱が何回も出るわけよね。一年間、留年させて、大学に復帰させたけど、体が疲れるというの」

妹も嚢《のう》胞が見つかり、被曝しているはずだ、という。郡山はホットスポットになっていて、震災後、妹が線量計を使って測ったら、一時間あたり、10マイクロシーベルトもあった、という。実家は国道四号線の近くある郡山市富久山町だという。地図で調べてみると、最寄りの駅は郡山で、住宅街のようである。

「放射線量が高い地域で、みんな出て行って、アパートは壊され、老人だけが残った。そこにはわたしの実家と数軒しかない」

初めて聞く話である。わたしは原発が近くにある浜通りの地域に目を奪われ、福島市や郡山市がある中通りについては、それほど注意を払ってこなかったが、思っていた以上に汚染されていた。

「そういうことは、あまり伝わっていないでしょう」

「そういうことを一生懸命いっているけど、全然、伝わらない」

マスメディアは取り上げない、というのだ。

「大熊町ではどうですか？」

「本当によく知っている人で、東電のバスの運転手。三月一一日以降、原発作業員をのせていたんですよ。二〇一四年一二月の総合検診では何もなくて、翌年の一月に具合が悪くなって、診てもらったら、ポリープができたから、病院でそれをとってもらって、ああ、よくなったなァと思ったら、二月に具合が悪くなって。医者がびっくりしたのは、胃袋全部にがんができていたんだって」

「その方はおいくつぐらいですか」

「六〇代でしたね」

「それで」

「それで転移して、五月の連休前に死んだ。奥さまとみんながいうには原発じゃないかと。事故当時、毎日、バスを運転して事故現場の真っただ中を行ったから」

被曝の話が続く。

「都路（田村市）はがんが多いんですよ。飯舘と同じで避難命令があとからなんです。わたしたちが車で避難しているとき、道路のそばで子どもたちが遊んでいるのね。えっと思って。逃げなよって。あの子どもたちはどうなったか、調べて書こうと思っています」

話は夫のことになった。

免疫抑制剤（著者注　移植をしたため）を服用しているので放射線量の高いところへ行ってはいけない、とますみは夫の仁に警告していたが、聞き入れずに大熊町でもっとも放射線量の高いところにある家の引っ越しの手伝いに行った、という。そして一週間後に目が変だと感じ、会津にある病院の眼科を受診したら、白内障になっていた、という。ところが、引っ越しを手伝う三日前にも目の具合が悪くなり、その病院で診てもらったが、そのときは白内障ではなかった、というのだ。被曝によって白内障になるといわれ、「トモダチ作戦」で被災地に向かい、仙台沖で被曝した原子力空母ロナルド・レーガンの乗組員の多くが白内障になっている。福島県立医科大学附属病院のデータでも、原発の事故後、白内障の患者は二倍に増えている。

「あなたは何で原発に働きに行くんだって、先生から怒られたの。免疫抑制剤をのみ、目の悪い人が行くもんじゃないって」

すぐに仁は両目の手術をしたという。

「ネットでは仁さんに嚢胞があったとあるんですが」

「仮設に入って、家族みんなで、たらちねさんへ行って、甲状腺の検査をやったんです」

ヨウ素剤の代わりに仙台で買った昆布を食べた息子は、異常がなかったが、食べなかった仁の甲状腺に嚢胞ができた。

「ヨウ素剤を飲んだ人は全員、甲状腺は何でもない。やっぱり、ヨウ素剤は大事だと思うよ。うちのお父さんなんか、昆布なんか食べられるかっていって食べなかったし、体も弱っていたからね」

そして木幡はこういう。

「ところがヨウ素剤は、町の幹部の人が貰っているんだよ。町長とかも飲んでいる」

三春町ではヨウ素剤を備蓄していて、三春町から貰って飲んだ大熊町の人もいた。

「東電の社員には賠償がないって、集会では話されていますが」

「そう、そう。こういわれたんだって。おまえらには、給料をあげている。賠償がないのは当たり前だろう。おまえら働け、それで文句がある奴は辞めろって。何人かは辞めたみたい。それでいま、東電の社員、けっこう死んでいる」

東電の社員だけでなく、東電の下請け作業員も亡くなっている、というのだ。

木幡の話が続く。

「結婚する前、バイトなんだけど、血液検査センターで働いていた。そこは倒産していまはないけど、原発作業員全員の血液や尿をそこで検査するの。ここの内容は一切外にはいわないでねっていわれて。ひどい検査結果ばっかりなんだよ。白血球も多すぎるし、なんじゃこれって。あの頃は作業員にちゃんと報せてなかったんだね。検査の結果が全部、東京へ送られていたの」

検査結果のひどい人がいて、ますみは住所を書きとめておき、結婚し、大熊町で暮らすようになり、その人と会った、というのだ。その人は原発の作業員で原発の事故が起きる前に白血病で死んだという。

　木幡ますみが生活の苦しかった時代を話す。

「義理の親が入院したり、夫も体が弱いから、家政婦になったり、メール便の配達をしたり、塾の経営とかいろいろやった。家政婦時代、お父さんと子どもさんが白血病でその家庭の世話もした。お父さんは原発作業員だったんですよ」

　二人とも白血病だという。びっくりするような話である。

　父親が白血病であったことから、木幡は家政婦としてその家に派遣された。家族の生活費や父親の治療費は東電から出ていた、というのだ。

「いまでも覚えているのがわたしの部落で、白血病で死んだ人のお葬式があって、行ったんだけど、東電がね、ふつう喪服でしょう。喪服じゃなくて作業着で、腕章をつけてくるんだよ。香典、五〇万」

「どうして五〇万とわかったんですか？」

「葬式のお手伝いに行ってわかった」という。

「五〇万円で、みんなはペコペコしているんだもの。こんな金でペコペコするの、と思った。東電によって、命がないがしろにされている」

　木幡はなぜ、夫が町議選に出たかを明かにした。それは震災前のことで、友人に医師や歯科医師がいて、彼らが健康調査した結果、心電図の検査で再検査をする人や歯ぐきから出血する人が多数いて、すぐにでも原発を止めなければならない、という思いがあって出馬した、というのだ。

「原発の影響と思われる自然の変異はありますか」

「わたしが住んでいる大熊町野上で、動物ではハクビシンはいるけど、鳥は一切いないよね」

この話はよく聞く。ホットスポットになったわたしが住んでいる地域でもめっきり鳥が少なくなっている。

「わたしが二〇一一年、一時帰宅したとき、サルが山からおりてきたんですよ。うちには柿とか果物がいっぱいあるんですよ。サルとは仲がよくて。昔はいつも親子で山からおりてきたのね。それがお父さんザルしかおりてこないのね。どうしたの、と思ってじっと見たら、何だか体がフラフラしているんだよね。お尻から変な物を出して」

「どんな物が出ていたんですか？」

「青い変な物が出ていたんですよ」

木幡が自然の変異を語ったが、大熊町に住んでいれば、もっと多くの自然の変異を目にしたにちがいない。木幡ますみの話の半分以上は、原発事故前に被曝した人たちのことだが、作業員を輸送するバスの運転手は事故後である。木幡の話によれば、山沿いに住んでいた人たちは逃げ遅れた、といっているので、彼らは被曝し、それが原因で病気になったり、死ぬかも知れない。これは予想にすぎないが、大熊町では、小児甲状腺がん及び疑いのある患者が三人出た。六五七人に一人という割合である。いかに強い放射線を大熊町の町民が受けたかはその人数が物語っている。今後の動向を見守っていかなくてはならない。

◉第四章——浪江町からの報告

パパ、生きている

木幡ますみの次に会ったのが今野寿美雄である。彼を選んだのは昨年の一一月、松戸市馬橋にある公民館で開催された反原発の集会に出席し、発言していたことと、彼が原発の施設で働いていて、一度、そこで働いている人から話を聴いてみたかったからである。

さっそく、今野寿美雄のことをインターネットで調べる。一九六四年生まれというので現在は五三歳か五四歳になる。動画で今野を見ると、いつも帽子をかぶり、それが彼のトレードマークで、顔は浅黒く、痩身で精悍な顔つきである。街頭ではマイクを握り、いかに原発が危険であるかを通行人に訴え、行政との交渉の場では先頭に立っている。

今野は国や福島市に対して「子どもたちに被ばくの心配のない環境で教育を受ける権利が保障されていることの確認」と「原発事故後、子どもたちに被ばくを避ける措置を怠り、無用な被ばくをさせた責任」を追及する「子ども脱被ばく裁判」の原告でもある。その行動力から活動家といっていい。

反原発の集会では、事故前、福島、女川、東海、もんじゅなど原子力施設で、電気設備や自動制御機器の工事に従事し、住まいは浪江町である。現在は福島県飯坂温泉にある復興公営住宅で家族と避難している。今野に取材を申し込むとすぐに快く引き受けてくれた。わたしが飯坂温泉に出向くというと、今野は七月一二日、東京へ行く用事があり、その用事が終わる午後五時半頃に会うのはどうか、というので、わたしの提案で、日比谷公園の中にあるレストランの松本楼で会うこととなった。

五時四〇分、うだるような暑さの中、今野は涼しげな薄茶の帽子をかぶり、タオルを首に巻き、黒いＴシャツを着て、レストランに現れた。すぐに名刺を交換し、わたしは取材を始める。

「今野さんは、技術屋さんですか」

「いや、引退したから元ですよ」

今野が苦笑いをする。計装士であり、電気工事士である、と今野は自己紹介する。反原発の集会では原発施設の電気工事に携わってきた、と紹介されているようだが、火力発電所やコンビナートでも働くことがあり、必ずしも原発だけで働いてきたというわけではない。

「みなさんに同じことをおたずねしているんですが、３・11の日、今野さんはどこで何をしていたんでしょう」

「女川原発にいました。出張で行っていたんですけど。週末だから帰る準備をしているところへ地震があって、津波で何もかもが流され、それで三月一五日まで牡鹿半島に閉じ込められ、命からがら逃げてきたんです」

「集会では津波を見た、とおっしゃっていますが」

「目の前が海ですから」

「携帯電話の緊急地震速報が、一斉に鳴ったそうですね」

「鳴りだしたら、すぐに揺れが始まったんです。最初はゆっくりと揺れたんです。震度5以上というのは、これまで女川では何回も経験しているんです。ところが今回は揺れている時間が長いんですよ。これはおかしいなと。三回、どーんときたから、これはちょっと通常とちがうな、と。みんなに窓開けろっていって、すぐに逃げ出せるように事務所の窓を開けたんです。天井から埃が落ちてきたんです。これはヤバイな、と思って外に出たんです。家に帰る準備をしていたから、会社の車を事務所の脇に寄せていたんですよ。それで車のラジオをつけたら、六メートルの津波がきますと。それで揺れが収まってから、車の外へ出たんです。そして水平線を見ました。白い筋がだーっと。津波がどんどんこちらに近づいてくるんです。途中、小島を呑み込んでやってくる。これは六メートルの高さじゃないな、と。灯台を呑み込んだりして。そうしたら、あとでいい直して、一〇メートル以上の大津波がきますと、ラジオの放送はいうわけですね。そして実際には二〇何メートルの高さの津波がきたんですけど。津波の第一波がきました。建物の上に車がのっているんですね。木造の建物は、みんな流されちゃった。コンクリートの建物だけが残ったんです。そして発電所のほうを見ました。重油タンクがひっくり返っていたんですよ」

「その光景を見たとき、今野さんはどう思いましたか？」

「この世の終わりだと。地獄だと思った」

「原発のことは、頭になかったんですか？」

「大丈夫かな、と思ったんですけど。ＮＨＫのＢＳを見て、初めてイチエフ（著者注 東京電力福島第一原発のこと）にも津波が押し寄せましたと。それで電源を消失したというので、これは終わりだなと思って、そこで現地の女川の職員に、いまごろイチエフは、メルトダウンしているはずだと」

「予想したわけですね」

「そう、そう」

「女川原発は、東北電力でしょう？」

「そうです。でも震災のときの対応はよかったですよ。発電所を避難所にして、地元の人をそこに避難させたんですから。原発はテロ対策で一般人は入れてはいけないことになっているんです。発電所は非常用電源もあるし、水もあるから。備蓄食糧もあるんです。発電所の所長がすぐに決断して、すばらしい対応でしたよ」

東北電力は原発を有し、反原発の立場からすれば敵になるが、所長の判断は賢明だった、といっていい。

「ところで女川原発は、どうだったんですか」

「女川も危なかったんです。冷却ポンプの片方が津波によって水没しちゃんたんですよ。津波の余波くるので、みんなで土嚢を積んで原発を守ったんですよ」

二〇一九年一一月二九日付の東京新聞の社説には次のようなことが書かれていた。

地盤が一メートル沈下した。2号機の原子炉建屋では、千カ所以上でひびが見つかった。一三メートルの津波による浸水被害もあった。外部電源五回線のうち四回線が遮断され、残る一回線で辛うじて冷温停止に持ち込んだ。

このことは忘れてはならない。これも記録しておく。原発は本当に危険である。

「女川湾で原子力空母ロナルド・レーガンを目撃したそうですね」

「でかい、でかい。全長四〇〇何メーターぐらいある」

調べてみると、実際の長さは三三三メーターで、今野は実物以上に大きく見えたようだ。

「九〇度をターンするのに三〇分もかかるんです」

余震による次の津波に備え、船体を波に対して直角にしたのだ。

話は乗組員の被曝の話になった。

「空母では海水を使っているんですよ。海水をろ過して、その水を飲んだり、シャワーに使ったりして内部被曝が半端じゃない。死ぬ一番の原因は内部被曝」

今野は内部被曝を強調する。

外部被曝と内部被曝を説明するのに燃えた石炭を例に出す人がいる。それに倣《なら》っていえば、燃えている石炭から発せられた熱線を浴びることを外部被曝といい、燃えている石炭を体内に取り込んだ状態を内部被曝という。例えとしては現実的ではないが、わかりやすい。燃えている石炭から遠ざかれば外部被曝はしないが、内部被曝は避けようがない。

そして今野はまた、同じことをいう。

「問題は内部被曝なんです。１ベクレルの不溶性の放射性物質が体内に入れば、一年間で16ミリシーベルトを被曝するそうです。京都大学の河野益近先生の研究でわかったんです。だから内部被曝は怖い。それを取り込むかどうかはロシアンルーレットですよ。取り込んだ人は、一〇〇％なんですよ」

確実に放射能の被害を受ける、という。

「大変な状況ですから家族のことが心配になったでしょう」

「携帯がつながらないから、心配ですよ」

「家族とは連絡がとれないわけですね」

「女房の姉ちゃんがドイツにいて、オレにメールを送ってくれていたんです。着信履歴が携帯に残っていて、家族は古河にいることがわかったんです」

日本の電話回線は混雑していてつながらず、ドイツ経由で家族の所在地がわかった、という。

女川原発を発った今野たちは、会社の車で郡山まで行くが、そこでガソリンがなくなり、そこからタクシーに乗り換え、新幹線が走っている那須塩原駅まで行き、新幹線と在来線を使い、茨城県古河市にある奥さんの実家で、家族と再会している。一五日の午前八時半頃に女川を出て、古河に到着したのは午後の八時すぎである。一二時間もかかったことになる。これが原発事故による最初の苦行ということになる。

そして幼稚園に通っている息子が今野にこういった。

「パパ、生きているよ。足がついているよ」

いまのところはね

「お子さんが体調不良になった、と集会で話されていますが」

わたしはインターネットで今野による講演会の動画を見て、それをもとにたずねている。

「事故後の二年間、一カ月のうちに二回ぐらい風邪をひいちゃう。なおったと思ったら、またひいて病院へ行く。それで、ばあちゃん先生がやっている『ささやこどもクリニック』へ行ったんですよ」

「それはどこにあるんですか」

「福島市。それで免疫低下だと。その先生に孫がいるから放射能のことが心配なんだね。どう考えたって、そうなるだろうなって。それしか考えられないよって」

医師は被曝によるものだ、とした。

「ただ医大（著者注 福島県立医科大学）からは、原因を話すなっていわれているんですけどって、ばあちゃん先生はいうわけですよ」

福島県立医科大学が私立のクリニックに対してそんなことをいうだろうか、といった疑問はあるが、そうだとすれば、医大によって緘口令が敷かれた、ということになる。福島県で病院の話になると必ず医大のことが出てくる。福島県立医科大学附属病院は、福島県の医療のナショナルセンターといってよさそうだ。

「いま息子さんは、大丈夫ですか？」

「いまは、全然、大丈夫」

小児甲状腺がんについても問題はない、という。そして九月に学校でまた、甲状腺の検査が行われる、というのだ。一度検査したら終わり、というのではない。

国や東電から放射能に関する情報を伝えられていなかった浪江町は、バスを使って三月一五日までに海沿いに住む町民一万人をもっとも線量の高かった津島地区にある公民館や民家などに避難させている。津島地区は浪江町と福島市を結ぶ国道一一四号線上にある山間地で、今野の息子は、公民館で放射能によって汚染された雪を食べた、という。息子だけでなく、津島地区に避難した人たちは被曝したはずだ、と今野はいう。因みにジャニーズ系アイドルのＴＯＫＩＯが農業体験をした「ダッシュ村」は津島地区にあり、そこは国によって帰還困難区域に指定され、ＴＯＫＩＯに農業指導をしていた三瓶明雄は白血病で死んでいる。

このあたりのことは、浪江町に住んでいた女性を取材した前田基行が、『プロメテウスの罠　特別版』（朝日新聞デジタル）と題したドキュメントを書いているのでそれを引く。

SPEEDI《スピーディー》というコンピューター・シミュレーションがある。政府が130億円を投じてつくっているシステムだ。放射線量、地形、天候、風向きなどを入力すると、漏れた放射性物質がどこに流れるかをたちまち割り出す。3月12日、1号機で水素爆発が起こる2時間前、文部科学省所管の原子力安全技術センターがそのシミュレーターを実施した。

放射性物質は津島地区の方向に飛散していた。しかし政府はそれを住民には告げなかった。SPEEDIの結果は福島県も知っていた。

民主党政権時代、国も県も行動を起こさなかった。不作為による犯罪で、このことは忘れてはならない。

「ご自身のことですが、鼻血が出た、と集会で発言されていますが」

「三月、浪江町の避難先である二本松市東和町で車上生活をしていたんですよ。朝起きると車が杉花粉で真っ黄黄だったんです。くしゃみが出るから、花粉症になったかなァ、と思ったんです。それで月に二、三回、鼻血が出るようになったんです。最初、血圧が高いのかなァ、と思っていたんですよ。朝、顔を洗って、下を見ると、洗面台が真っ赤になってさァ。それが二年間ぐらい続いたんですよ」

元気そうな今野も大変な体験をしていた。

「それは原発由来だと」

「オレはね。それしか考えられないもの。花粉症って、毎年、そういう症状が出るでしょう。でも二年間だけだもの」

「被曝について、これからどうなると思いますか」

　極めて大事な話である。

「これからですよ」

　そのようにいう人は多い。それは原発に反対している人たちで、ほかの多くの人はそう思っていない。

「いっしょに働いていた方が亡くなった、と集会で話されていますが」

「先輩が三人亡くなっています。みんな六〇くらいですよ。停年、まじかで。最初に入った会社の先輩ですから。亡くなったのは、みんな震災後ですよ」

「原発で働いていたんですか？」

「そう、そう。その人たちは、それこそ、原発がメインで」

「そうすると原因は？」

「もともと原発で働き、累積した影響と避難のストレスもあるし。一人はもともと甲状腺が異常で、震災前から病院へ行っていたんですよ。もう一人は脳疾患で亡くなっている」

「もう一人は？」

「もう一人はわからない。新聞で見てあれって。心筋梗塞か何か、ぽっくり病だと思うんだけど」

「福島県立医科大学でそのようなデータを出していますよね」

「二倍ぐらいになっているでしょう」

今野もそのデータは知っていた。

「わたしの同級生が死んでいますよ。五〇歳のときに三人が亡くなっています。三人のうち二人は原発で働いていた。死因はわからない。もう一人は女性で線量の高い津島地区にいたの」

わたしには話さなかったが、二〇一八年四月一日に長野市ふれあい福祉センターで行われた集会で今野は次のように語っている。

「確実に病人は増えています。甲状腺がんだけじゃないんです。脳疾患、心疾患、糖尿病、白内障。目って、放射線の影響を受けやすいんですよ。心臓っていうのは、筋肉の塊なんですね。セシウムが溜まるんですよ。それが心疾患を起こすんですよ。だから突然死が増えている。三つ上のわたしの友だち。旦那さんは東電の関連会社で、福島第一原発で働いていたんです。中学二年生の子どもがいて、事故から三年目、がんになって入院して一カ月で亡くなっちゃったんです。そのときに奥さんも具合が悪かった。そしたら、奥さんは白血病です。二人で同時に発病した。奥さんはそれから二年ぐらい、生きて治療したんですけど、ついに帰らぬ人となった」

「原発で働いている人たちの間で、原発は危険だ、という認識はあるんですか」

「通常の状態であれば、そんなにはないですね。管理されているし、常に血液検査をされているし」

電磁検診といって六カ月に一度、血液検査をやるよう、法で定められている、というのだ。原発内で放射能は管理されている、と今野はいい、集会で次のような話をしている。

「食品の基準として、いま100ベクレル以下なら食べてもいい、といわれていますよね。これ発電所へ行くと１００ベクレル以上のものは、放射性廃棄物として管理しなくてはいけない（著者注 福島第一原発事故が起きる前まで、原子炉等規制法によって１００ベクレルが基準とされていた）。キャスト、ドラム缶に入れるんです。発電所ではそういう管理をしているんですよ」

今野はびっくりするような話をした。

原発事故の翌年、厚生労働省は、米、根菜、葉菜、魚類、製茶などは１００ベクレル以下であれば安全としたのだ。事故前、米は０・０１２ベクレルが安全基準だったが、事故後、八三〇〇倍に引き上げた。根菜にいたっては、安全基準が０・００８ベクレルなので一万二五〇〇倍ということになる。国民の健康を守るための厚生労働省が、原発を維持していくためにこんな措置をとったということは犯罪といっていい。厚生労働省はなぜ、安全基準を引き上げたかについて国民に対してきちんと説明をしなければならない。

話を戻す。今野がいった。

「事故後に被曝した可能性はかなりあるんですよ」

放射能を厳重に管理してきた原発だが、事故によって原発で働いてきた労働者は被曝した可能性がある、という。

「死因を調べていけば、その人は被曝したんだろうってことになりますか」

「ただちに健康に影響がない話というのだから。放射線による病気というのは、高線量を一気に浴びない限り認められない。低線量被曝というのは因果関係が証明できないんです」

必ずここへ行きつく。しかし、証明ができなければ被曝者は救済されない。被曝を立証するにはどうしたらいいかを考えださなければならない。

ここで少し解説をしておきたい。今野がいう一気に放射線を浴びた場合は、「急性放射線障害」と呼ばれ、大量の被曝により、多くの細胞が死亡して臓器機能がやられる。低線量の場合は、「晩発性放射線障害」と呼ばれ、細胞の突然変異により、後になってがんや白血病や遺伝的障害が現れる、と京都大学原子炉実験所助教の今中哲二が講演会で解説している。放射線によって被曝するとはどのようなことなのか、今中が講演会でしゃべっているので紹介したい。


放射線を受けることによって、基本的な情報を有するDNAというやつにキズがつく。キズはついても修復する力を持って生きているわけですけど、被曝をすることによって、それはうまく修復されないものが少しずつ増えていくということと一度にたくさん浴びると、DNAというやつがズタズタになって、その細胞が死んだり、臓器そのものがうまく働かなくなってしまうということです。


わたしは放射能についてほとんど知らなかったが、取材するたびに知識が増えていった。

「話は変わりますが、この人に会ってみたら、という人がいますか」

「菅野榮子さんは」

今野は菅野榮子に会ってみたら、と薦める。飯舘村で味噌づくりをしていた人で、書いてはいないが、伊藤との話の中でも出てきた。彼女は親戚の菅野好子といっしょになってドキュメンタリー映画『飯舘村の母ちゃんたち 土とともに』に登場している。

「榮子ちゃんと好子ちゃん。二人はコンビなんですけど、榮子ちゃんの話はすごい」

どんなにすごいかは聴かなかった。聴いたら野暮だと思っているからだ。

「今年、桜の咲く頃、飯舘に帰るっていっていたから、帰っているかも知れない」

わたしが最後の質問をする。

「今野さんは、鼻血が出たくらいで原発に由来するような病気はしていないわけですね」

「いまのところはね」

◉第五章――飯舘村からの報告（その二）

野の哲学者、菅野榮子八一歳

とにかく、今年の暑さはこたえる。昼間だけでなく、夜間になっても気温は下がらない。それこそ、命にかかわる耐え難い温度で、連日、熱中症で死者が出ていた。

暑いのは日本だけではない。アメリカのカルフォルニアと北アフリカでは五二度を記録した、とテレビで報じている。北極海と北太平洋の間にあるグリーンランドでは高さ一〇〇メートルの氷河がこの暑さで崩壊し、津波の恐れがあるので住民に避難勧告が出た、とやはり、テレビで報じている。

地球が壊れた。

これはまちがいのない事実である。耐え難い気温がそれを証明している。原因は人間の経済活動による地球の温暖化であるといわれ、それが定説となり、国連が中心になり、地球的規模で二酸化炭素の削減に取り組んでいるが成果はあらわれてはいない。自国の経済を優先し、どこの国も真剣に取り組んでいないからだ。

まもなく、地球上では大半の動植物は生きていけなくなる、とわたしは思っている。連日、気温が四〇度を超えるようになると、さすがにわたしだけでなく、誰もがそう思うようになるが、この暑さが終息すると、人はそのことを忘れる。本当に愚か者なのだ。

あの暑さも台風の接近によって関東地方は、八月一七日頃から急に涼しくなり、時として寒い、と感じられる日もあった。異常気象が続いていることから、あの暑さはいつかぶり返す、と思っていたら、八月二一日からまた、戻ってきた。暦の上ではとっくに秋になっていたが、猛暑はいつになっても収まらない。

わたしは今野寿美雄が推薦した菅野榮子を取材することにした。飯舘村に住む伊藤延由が菅野の連絡先を知っているのではないかと思い、メールで問い合わせると、彼は知っていて、すぐに彼女の携帯電話の番号を教えてくれた。伊藤によれば伊達市伏黒の仮設住宅に住んでいるという。わたしは、五カ月前にここで安斎徹を取材している。

会うのに先立ち、菅野榮子が主演しているドキュメンタリー映画『飯舘の母ちゃんたち　土とともに』（二〇一六年作品）のＤＶＤを購入し、それを見た。それと今月の二五日には千葉市生涯学習センターでその映画の上映と監督のトークショーが予定され、友人がそのチラシを送ってくれた。

わたしはそれにも出てみたいと思っている。チラシにはこうある。

菅野榮子（かんの・えいこ）さん79歳。孫に囲まれた幸せな老後を送るはずが、福島第一原発の事故で一転する。榮子さんが暮らす福島県飯舘村は全村避難となり、ひとりで仮設住宅で暮らすことになった。支えは親戚であり友人の78歳の菅野芳子（かんの・よしこ）さんだ。芳子さんは避難生活で両親を亡くし、ひとりで榮子さんの隣に移ってきた。「ばば漫才」と冗談を飛ばし互いを元気づける。2人の仮設暮らしが始まった。

チラシにある「ばば漫才」のことだが、ボケとツッコミによる漫才とはちがう。榮子が豊富な言葉でポンポンと芳子に話しかけ、おっとりした芳子がやんわりと受け止め、そのやりとりは漫才といっていい。何事にも積極的なのが榮子で、歩くときも芳子よりも先に行く。二人は性格がちがい、それで気が合う、とわたしは思っている。

監督は『ガーダ　パレスチナの詩』『ぼくたちは見た　ガザ・サムニ家の子どもたち』などパレスチナの女性や子どもたちの映像を撮り続けてきた古居みずえである。監督自らキャメラをまわしたドキュメンタリー映画だが、全編、ナレーションも音楽もない。この形式は名作といわれた作品に多い。玄人受けする映画で秀作といっていい。パレスチナを撮ってきた古居みずえがなぜ、この映画を撮ったかについて監督が民主婦人クラブの新聞『ふぇみん』にこう書いている。

飯舘村とパレスチナでは政治状況も違うし、片方は放射能に、片方はイスラエルに占領されている点でも違う。しかしながらそこに暮らす人々が故郷を追われ、生活丸ごと奪われている点では共通している。

これを読んで、わたしはなるほどと思った。

映画の中で、菅野榮子が自分たちは難民だといっている。安斎徹の話では飯舘の村の人たちは避難先で差別されたり、村の子どもがいじめられたりしているので原発事故の被災者は、やはり難民といっていい。不覚にもこれまでそのことにはまったく気づかなかった。

わたしは映画を観て、強い印象を受けたのは菅野榮子という人物である。大袈裟ではなく、人の生き方を指し示す「野の哲学者」だとわたしは思った。群馬県の上野村と東京を行き来し、上野村では農作物を育て、炭づくりをしている哲学者の内山節をわたしは思い浮かべた。哲学者であることは映像で十分に表現されているが、果たしてそれを文章で表現できるのか、となると自信がない。同時に菅野榮子を描くことにより、本書のテーマである被曝の問題が遠ざかるのではないか、といった危惧があったが、わたしは菅野榮子の魅力に負け、会うことにした。

八月二三日、午前四時、わたしは不安と期待を抱き、車で伊達市にある仮設住宅に向かった。午前一〇時の到着予定だが、一五分遅れて伊達市伏黒にある仮設住宅に着いた。長距離を一般道で走ってきたのだから、ほぼ予定の時間に到着したことになる。

わたしはすぐに菅野榮子の住まいを探したが、近くに人がいないのでなかなか見つからなかった。

それで気づいたことは、空き家がたくさんあったことである。五カ月前はこれほどではなかった。福島県は応急仮設住宅の無償貸与を二〇二〇年三月に打ち切る、と発表し、そのためと考えられる。この年に東京オリンピックが開催され、仮設住宅があっては外国からオリンピックを見にきた観客に対して目障りになるからだ。国としては原発の事故がなかったことにしたい。そしてこれからのことは被災者の自己責任で決めろ、と国はいう。原発の事故に関してまったく責任のない被災者が、国策として原発を推進してきた国からそういわれるのだから無茶苦茶である。国家は被災者のことなど何とも思っていない。

人にたずね、ようやく菅野榮子の住まいにたどりついたが、招き入れられた四畳半の居間には来客がいた。長野県小海町で行われた味噌づくりのワークショップで「さすのみそ」の原料になる、発酵させた大豆をビニール袋の中に入れ、両手で力強く揉みながら、ソーラン節を歌っていた女性である。わたしはてっきり芳子が同席すると思っていたが、彼女はいなかった。

古居が『ふぇみん』にこう書く。

榮子さんや芳子さんたちはかつて飯舘村の佐須地区に住んでいて、食品加工グループを立ち上げていた。そこで「さすのみそ」や「凍《し》み餅」を作ってきた。避難生活が始まってからも飯舘村の伝統的な食文化を残そうと活動している。

美声の持ち主に名前を聞くと西ハルノだという。わたしはすぐに菅野榮子へのインタビューを始める。まずは映画の話からである。

「どのようにして始まったんですか」

「取材ではねぇんだよ。写真撮ってもいいですかっていうのが始まりだから」

監督の古居はスチールキャメラマンもやっていたので、そのような話をしたにちがいないが、なぜ、古居が二人を撮ったかついてこう書いている。


榮子さんと芳子さんを撮ろうと思ったのは、長芋を植えながら植え方の違いを言い合う場面で、どちらもゆずらない。そして二人で笑い合う姿を見てのこと。


だという。映画として考えた場合、監督の力量にもよるが、一人となると映画は往々にして単調になりがちである。そのこともあって、監督は二人を撮ったのではないか。そんな気がしたが、自信はない。これはわたしの勝手な想像である。

この映画のタイトルは「土とともに」となっているように一面、農業の映画でもある。仮設住宅の近くに畑を借り、野菜づくりをやっているシーンがいっぱい出てくる。「百姓は芸術家なんだよ」と菅野榮子はいい、四季折々、多くの種類の野菜を育てているが、肥料を均等に手で畝に撒くシーンを見ると、その作業は正確で美しい。そういうことで百姓は芸術家といっているわけではないが、その動きはまさに「芸術的」である。

菅野は映画の中で農業についてこう語っている。

「種を播けば芽が出て、食べる物がなってくれて。採って食べて、おいしいなァって。そういうあれに感謝しながら、本当に土と太陽と自分の技術に感謝して農業をやってきてよかったなァって」

「映画に出た感想はどうですか」改めてたずねる。

「自分でしゃべったことを聞いて、自分で泣いていたよ」

心の中はわからないが、榮子は気づかずにキャメラの前で自分の辛い話をしていたのではないのか。菅野の話が続く。

「映画とかはセリフがあって、監督が演出して、何かを伝えるのが映画だべ。そして上原謙か原節子か田中絹代か鶴田浩二がやるのが映画だと思っていたよ、わたし。ドキュメンタリー映画なんて、何だかわかんねぇ」

菅野はわからずに映画に出た、という。若い読者にはわからないと思うが、上原謙や原節子たちは往年の有名な映画スターで、上原謙の息子が有名な加山雄三である。

ここで菅野に電話がかかってきて話が中断する。その間、わたしは西ハルノと話した。菅野とは住んでいる地区はちがうが、親戚のようにして付き合っている、という。そのことからも村の人たちの絆は強いように思えた。映画の中でも榮子と芳子がもし、老人ホームに入るなら福島県だ、といい、彼女たちの郷土愛は強い。

「いま仮設住宅を見てきたんですけど、空き家が多いですね」

「そう、そう。飯舘へ戻った人もいるし、飯舘にある自分の家を建て直した人もいるし、このへんに家を建てた人もいる。だけど、やっぱり、飯舘へ行ってもなかなかね。いままでとはちがっちゃって、こう変わっちゃってね、自分の家を壊しちゃった人もいるし」

西ハルノは「おいそれと帰れるところではない」と言外にいっている。原発事故の前の飯舘村といまはちがう、という。事故から七年以上が経過するが、どこがどうちがうのか、もう一度、飯舘村へ行って調べてみたい。

菅野榮子はすでに飯舘村に家を新築し、菅野芳子も建築中で、それが完成すれば、二人はいっしょに飯舘村へ帰る、と伊藤延由がメールで教えてくれた。

電話が終わり、菅野が味噌の話を始めた。

菅野榮子たち「味噌の里親プロジェクト」は、飯舘村に伝わる「さすのみそ」を後世に伝えようとして活動してきたが、埼玉県にあるヤマキ醸造という蔵元の指導により、これまでつくってきた白米麹の味噌よりもおいしく、健康によい玄米麹の味噌をつくり売り出した、という。菅野は味噌の研究もしていた。そこがすごい。

菅野榮子が映画の中で、菅野芳子を相手にこの部屋でこういっている。

「何もない村だったから、そのときに生きている人が、創意工夫を重ねて、楽しみながら、自然とともに歩んできた人生だったし、飯舘村だったんだよなァ」

菅野榮子がこれまでのことを思い出し、菅野芳子と味噌づくりの写真を見ながら話を続ける。

「それぞれ味噌を家庭でつくるのは、当たり前の生活よ。味噌をつくる時期には味噌をつくって、米を収穫する時期には、おのおのの自分の食をちゃんと確保するというのが、当たり前の生活だった。本当に山村の暮らしというのは、そういうものだからね。自給自足で、それで足りないのは山の恵みを受けるとか。山の恵みなり、自然の恵みを享受しながら生きてきた、そういう生活をしてきた人たちだからねぇ」

東京電力福島第一原発の事故が、つつましく、自然の恩恵を受けながら生きてきた飯舘村の人たちの生活と人生まで変えてしまった。それればかりか、いまは原発に由来する病人まで出そうとしている。いや、すでに出ている。これが現実である。

ここから用意してきた質問事項にそってたずねる。

「お生まれはどこですか」わたしはペーパーを見ながらたずねた。

「飯舘だよ」

桊子は芳子と同じ飯舘村に生まれ、タバコや水稲を栽培する農家に嫁いでいる。この地域は以前、冷害が多かったが、牧草は冷害でも成長することから菅野夫妻は酪農家に転じ、三人の子どもたちを育てた。夫の名前は栄夫《ひでお》といい、菅野典雄村長の家が本家で、栄夫の家は分家になる。実際、隣同士で、先に本家が酪農を始めた。

「映画の中で、桊子さんは芳子さんを家つきのお嬢さんと呼んでいますが」

「お嬢さんだけど、芯は強い。わたしよりも強いから」桊子が強い口調でいう。

「そのようには見えないですね」

「強いよ」榮子は自説を曲げない。

「そうですかね」わたしが否定した。

「怒ればポンポンというけど、芯がぽろっと折れるところがある。それにすぐに泣くしな」

榮子が自己分析をする。

しかし、映画ではそれがほとんど感じられない。榮子はアッハッハと高らかに笑い、生き方は常に前向きである。胃がんの手術を終え、仮設住宅に戻ってきた芳子に対して「肩を後ろに引くようにして腹さ、力を入れて、歩いてください。歩くのが一番だ」といって励ましている。それも一度でなく、何度も励ましている、しかし、監督の古居みずえは「故郷を追われ、生活環境も一変した榮子さんは、挫折しては立ち上がり、挫折しては立ち上がりを繰り返し、芳子さんと再会して、立ち直った」と『ふぇみん』に書いている。そうだとすれば、本人がいうように決して強い人間ではなさそうだ。あの笑いにしても笑わなければ、過酷な避難生活をやりすごせないからだ。映画のポスターにも「笑ってねぇどやってらんねぇ」とある。

「飯舘村へ帰るつもりでいるんですか」わたしは確認のためにたずねた。

「線量が高くて、人が住めないところでも、帰ろうかな、と思ったんだよ」

映画では「帰りたくても帰れない」と榮子はいっていたが、飯舘村へ帰ることを決断した。二〇二〇年三月には応急仮設住宅が閉鎖されるからだ。しかし、理由はそれだけではなかった。

「五年のうちに三人も仏さまになって、それこそ、わたしを一人だけ残して、あの世へ行ったんだもの。お参りする人がいねかったら、仏さま泣くべ」

さて、芳子の家のことだが、当初、芳子はリフォームを考えていた。だが、大きな家でリフォームのほうが金がかかるので、それを取り壊して小さな家を建て、それが完成したら、榮子は芳子といっしょに飯舘村へ帰る、といった。

「ところで、ご主人が亡くなったのはいつですか？」

「事故の前。避難する一年前に死んだ。放射能を見ねぇで死んだから、幸せだったと思う。だっけども青年会活動のときは、原発反対の署名活動をした人なの」

「そうなんですか！」わたしが驚く。

「この間、写真を整理していたら、結婚する前だけど、仙台へ行って、放射能の勉強会さ、行ったことがあるんだよ。その写真が出てきたんだよ」

「けっこう、みなさん、原発の反対運動はやったようですね」

大熊町の木幡家は、親子二代にわたって原発に反対してきた。わたしが知らないだけで反対闘争の歴史が原発の周辺の地域にはあった。簡単に原発の工事が始まったわけではない。夫と署名活動をし、のちに南相馬へ嫁いだ人が「あのときもっと強く出て、原発をつくらせなかったら、この事故は起こさねかったべな」と知人が榮子に電話をよこした、という。

「でも、事故が起きた」

「みんないっている。栄夫さんが生きていたら、何ていったべなァって」

そして菅野榮子はこういう。

「飯舘村の線量は低くなってきたけれども、人間が住めるところではないでしょう」

「そうですね」とわたしが頷く。

伊藤延由が管理人をやっている飯舘村の小宮地区にある農業研修所の食堂の線量は一時間あたり0・33マイクロシーベルトもあった。菅野がいうように飯舘村は人間が住めるようなところではない。

「ICRP（著者注　国際放射線防護委員会）は、（年間）1ミリシーベルト以内で住みましょう、という線を出したわけでしょう。飯舘村の村長はそれこそ、福島県はもとより、日本の、世界の範となる除染をして、村の復興にあたりますって、民主党の鹿野農林大臣がきたときにそういう表明をしているんだよ」

「ええ」

「飯舘はほかの市町村よりいち早く、除染をやってみたんだけど、ホットスポットの村なんか1ミリシーベルトにもなんねぇから、それで5ミリシーベルトでもがまんしますから、5ミリの線で除染してください、といっている。それでお帰りなさい、と帰村宣言をしている」

菅野榮子が憤る。

「信じられないことですよね」

チェルノブイリの事故後、ウクライナの法律では年間の被曝線量が5ミリシーベルト以上であれば住んではいけないことになっている。

「でも、わたしら、おかげさまで八〇まで生きてきたんだから、放射能の被曝で何か病気になっかもしんねぇけど、放射能が直接の原因で焼けこげて死んだりはしねぇべ」

菅野が開き直った。

ここでわたしは菅野典雄村長の話を出した。

「村長は酪農の大学に行っていますよね」

「そうだよ。酪農の大学へ行って、それこそ、四〇頭も五〇頭もいた牛を売って村長になったんだよ。飯舘の村づくりに一生をかけようとしてやったんだよ」

「一時期までは評価されていたんでしょう」

「村長だって、いまの考えみたいな村長じゃねぇんだ」

「そうですよね」

「やっぱり、村長も被曝したんだ。放射能っていうのは、人の心まで汚染する。わたしはそう思っている。自分の心だって、汚染されたんだなァって思っている」

自分はドキュメンタリー映画に出たが、村にとってマイナスになるようなことはいっていない、と菅野はいう。この発言の裏側には、原発のことに関して考えの異なる菅野村長の存在がある。そして菅野榮子はこんなことをいった。

「出る者は打たれる社会だから。だけども、打たれてもサビクギ」

「うん?」菅野のいっている意味がわからない。わたしが問い返した。

「だって、八〇年も生きてきたら、釘が錆びついて金槌で打っても引っ込んでいかねんだ」

「アッハハハ」と西ハルノとわたしは大声を出して笑った。

「わたしとよっちゃんが、ドキュメンタリーに出て、いまさ、この映画は、日本はおろか、世界中に行っている。こういうことをやっていること自体、おもしろくねぇでねぇの。わかりやすくゆえば」

「そうでしょうね」

「原発がなかったら、この生活、すっことねぇんだから。原発の事故さ、ねかったら、ぼっこれさ、家入って、貧乏な暮らしだけど、アハッハって笑って、山のものを採って、タラの芽採って、ワラビ採って、フキ採って、一年中の食い物を確保して、貧乏ながらも家族全員で生活していたよ。原発の事故があって、賠償金いっぱい食っちゃってると思っているかも知らないけど、心まで汚染され、賠償金で解決する問題ではないよ。本来なら孫の手を引いて、幼稚園へ送り迎えして、きょうは幼稚園の運動会だ、ばあさま、おらの孫が出んだぞ、と大声をあげて、アッハハと笑う生活がしたい」

「うん」

このことが事故の前と事故後のちがいなのだ。改めて飯舘村の人に聞く必要はなさそうだ。

「わたしらの気持ちがわかっているのか。家族をバラバラにして、ほんで経済優先の政策をとって何だと思っている」

「うん」

永井のくわ

「村長もこの原発の事故で人が変わった、とわたしは思っている」

「菅野村長は原発の事故が起きる前は、農業を中心にした、スローライフな村づくりをしたわけでしょう。日大の糸長さんを村に呼んで」

「あの先生は、一六年も村に通ったんだよ。それで原発の事故になったら、ばあーと切っちゃったわけでしょう。そしてそれこそ目を向けねぇわけだから」

「自分がつくってきた村に人がいなくなるのは、がまんできなかったんじゃないですか」

ここでもわたしの推測をいった。

「任期満了で佐藤八郎と村長選挙をやったときに、自分が描いてきた村づくりはできなくなったわけだから、申し訳ないけど、わたしが描いた村づくりは、原発の事故でへし折られてしまったから、ここで辞めます、といえばよかったんだよ」

それが菅野典雄村長の正しい対処の仕方であった、とわたしも思う。そうすれば汚名を負うことはなかった。

わたしは懸案である被曝の話を始めた。

「飯舘村では男の子の出生がへっているそうですが」

「それは役場へ行けばわかると思うよ」

「そんな話を聞いたことはありませんか」

菅野はわたしの質問には答えずにこういった。

「遺伝子をやられっからな」

男女の出生比率については、菅野がいうように役場に行って聞くのが一番正確である。必ず行くことにする。

「芳子さんが胃がんになったでしょう。被曝によってがんの進行が早まったということはないんですか」

「促進する」と榮子はいった。

「そう、促進するんじゃないかと思うんですよ」

このことは伊藤延由もがんになった近所の人の例を引いていっていた。

そして菅野はこういう。

「ストレスがたまるから誰でもなるわい！」

菅野榮子が大きな声でいい、西ハルノが笑った。

「ストレスなんてことは、あまりいわれていないでしょう」

「ストレスなんて、なみたいていじゃないよ」

と榮子がいい、西が「そうだいねぇ」といって相槌を打った。

ストレスのことについては、確かに伊藤延由もいっていたが、被曝のことばかりを考え、それについてはまったく頭になかった。ストレスもまた、万病のもとといわれ、被災者が避難生活で相当なストレスを受けていることはまちがいない。

「ストレスっていうけど、どんなストレスがあるんですか？」

わたしは仮設住宅の狭さや人間関係を念頭においてたずねた。

「やっぱり、放射能は先が見えないでしょう。行く先に明るい一点があって、そこまで到着すれば大丈夫なんだよっていうのがある？」

「ないですよね」

「ないでしょう」

「あるとすれば何百年先だ」とわたしがいった。

「そうでしょう。これからいいことがあるかも知れないけど、悪いことのほうがいっぱいあって、わたしらが生きているうちには解決しねぇ。子どもの代もダメだ。孫の代もダメだ、とわたしは思うよ」

　そして榮子は話し続ける。

「わたしらは幸せになりたいと思ってがんばって、がんばって生きてきたんだよ。ストレスがたまんないはずがないでしょう」

「終わりがないし、目標がないもんね」

「終わりがないもの。で、目標を立てたって、どうにもなんねぇだよ」

　話が被曝の話に戻る。菅野がいう。

「被曝することによって、老化を促し、眠っているがん細胞は、みんな持っているけど、がん細胞が目をさまし、動き出すこともある。これからは、子どもの甲状腺がんも問題になってくる。今後、いろんなことが、あるんじゃないの」

「あるでしょうね」わたしが頷いた。

「大熊や双葉というところは、バリケードが張られ、立ち入り禁止になっているけど、ホットスポットのほうは、人が入れる。計画的避難区域なんて、世界のどこにもないわけだよ。生きるためには、誰もが経験したことのない暗闇の世界を杖をつきながら、どんな人生を歩まなければなんねぇかは、これからの大きな問題だよ。福島の医大さだって、放射線専門の病棟ができたわけでしょう。だから、本当にわたしらはモルモットだよ」

菅野榮子が被曝について語ってくれた。この話を聞くことができたのでわざわざ伊達市までできた甲斐があった。

「いま国や東電に対して、いいたいことはありますか」

「何がいいたい？　いいたいことなんて、富士山の高さの三つもある。国策でやってきた原発。電力会社は、小さなこの日本で五四基もつくってきたんだよ。それこそ、食べていくのが大変な漁村をめがけて、首都圏で使うためのエネルギーの供給で原発を建てたわけでしょう」

「うん」

「平和利用の名のもとに、経済優先をモットーにして。大きな事故を起こして、津波のことで、東電のお偉方は無罪だって主張したけど、いわれたとおりにやっていたならば、（著者注　東電の子会社は最大一五・七メートルの津波を予想し、それを東電本社に伝えている）この事故は起こさなかったかも知れない。そして無罪を主張して。自然のせいにして。国は国でこれほど大きな事故を起こしたって、お金を出せばいい、と思ってんだべ。基準が厳格であれば、再稼働を許しますよって方針だべ」

「そうですね」わたしが頷く。

「三年や五年で全部廃炉にしてください、とはいわないけど、わたしら、原発に依存しない社会をつくるためにがんばっているわけだ」

「菅野さんたちは、原発に依存しない生活をしてきたじゃないですか」

「飯舘村の人たちは、あるものを上手に利用して、『までい』の生活をして、あるものの中でがまんして生きましょうってきたわけだ。村の自然環境にあったものをつくったり、村民が苦労して創意工夫してお金を得ることをしたりして、ようやく軌道にのったんだよ」

村民の努力によって何とか農業や酪農で生活できるようになったが、原発の事故ですべてがおじゃんになった。

「わたしら、子どもの頃は、それこさ、捜索願を出すような田んぼさ、入って」

「ウフフ」

菅野の表現がおかしいので、西もわたしも笑った。

「本当だよ。カエルの目玉を触りながら田植えをしてきた、そういう飯舘村だったよ」

「そうでしたか」

何となく想像できる。

「ヤマケンが、山田健一が村長になったとき、あの人は農民の出だから、一生懸命やって、国とケンカしいしい、補助事業費をもらって、それこそ長靴を履いてがんばって、農業の基盤整備をしてきたんだよ。そのあとをついで斉藤長見《おさみ》さんだ、菅野典雄ときて、途中、バブルが弾けて、日本の経済もいろいろ、ほら、むずかしくなってきた。じゃあ、どうしようということになって、『までい』にしていくべって」

　菅野榮子が簡単に飯舘村の村史を語る。

「なるほど」

「『までい』の言葉なんて、それこそ、役場に入った職員から出た言葉だ」

「そうだったんですか！」わたしは驚く。菅野典雄が使った言葉だと思ってきたからだ。

「わたしはその頃、婦人会をやっていたけど、『までいライフ』の『までい』ってなんだと。『までい』なんて忘れていったぺや」

　菅野が笑い、話を変えた。

「原発は原子爆弾をつくるためにやってんだよっていったことがあるんだよ」

　そのようなことは誰もいっていないときに口数の少ない夫がいっていた、という。

「アメリカと日本の戦争が終わったあと、核実験をソ連とアメリカがいっぱいやっていたべ。そのとき、『この馬鹿野郎めら』って飯舘の言葉でいって、『こんなことばっかりやってっと、人類の破滅につながんだよ、何考えているもんだかって』」

　といっていた、という。

　榮子の夫は、聡明な人のようである。そういうことでは榮子も同じで「賢かっただど、ちっちゃいとき」と映画の中で幼馴染からいわれている。となれば聡明な夫婦ということになる。

　栄夫は体力の限界を感じ、七〇歳で酪農をやめ、原発の事故があった一年前に亡くなっている。

「事故があるまでの三年間、畑があるし、そこさ、いっぱい堆肥を入れて、堆肥の入った土を耕していたわけだ。ここで野菜をつくって、直売所通いをしていたの。『永井のくわ』というのがメーカー品であるの。それでお父さんが『永井のくわ』を買ってきてくれたの。ふつうの農家では嫁さんをもらうと、これ、おめえ、使いなって、鍬一丁、嫁さんが使う鍬があるんだけど、わたしには『嫁さんの鍬』がなくてこれまできたんだ。で、この家さ、きて、七〇歳になって初めて、おめえ、使えって、初めて買ってもらったのが一万五〇〇〇円ぐらいする『永井のくわ』なの。店員さんが『菅野さん、こんな高い鍬、買って誰が使うの』っていったんだって。『ばあちゃんが使うんだ』っていったら、『なんぼになっているの?』『七〇だ』『七〇歳のばあちゃんが、これ使って何年、百姓ができんだ』といったんだと。それで畑を作り出して。『亡き妻に与えられたり、鍬一丁、担いでは、畑の石になる』って、そう思ったの」

◉第六章――福島市からの報告

甲状腺がんについて

九月一一日を境にあの狂ったような暑さは、連続して上陸した大型台風によってようやく収まり、日本列島は一気に秋めいてきた。温暖化の影響で、近年、春と秋の期間が短くなり、だんだん四季の風情は薄れてきたが、今年はどうなるのだろう。

わたしはこれまで一カ月に一度の割合で取材に出ていたが、九月中はどこへも出かけなかった。一つには取材相手が見つからなかったからだ。見つかっても忙しいといって、断られた。取材はいよいよ終盤にさしかかり、わたしは誰を取材するかで思案した。ようやく、決めたのが大越良二である。二〇一八年三月九日号の『週刊金曜日』の鼎談《ていだん》「甲状腺がんの患者が語る――」に出た人である。同誌にはこう紹介されている。

福島市在住。2016年12月に甲状腺全部とリンパ節摘出。障がい者就労支援のNPO法人ファーム庄野副理事長。会報『ふぁーむ庄野』で自らの闘病体験や福島の現状を発信。72歳。

ここではリンパ節摘出とあるが、のちに大越の話によれば廓清《かくせい》で、部分的に削りとったという。七二歳というので、わたしと同世代である。一〇月二一日午後二時、福島駅前にあるミスタードーナツの店で大越良二と会うことになった。以前、飯舘村の村議、佐藤八郎と会った店である。交通費のことを考えると、やはり車ということになるが、白内障のため、未明や夜間は対向車のヘッドライトがまぶしいので使えず、行きは電車で、帰りは高速バスを使うことにした。

一〇月二一日日曜日。わたしは七時五六発の電車で北小金駅を出発、福島駅へ向かった。この日は一年に一度あるかないかの秋晴れで、日中の気温はどこも二二度前後で、しかも無風である。これまで天候不順が長く続いてきただけに、きょうは快適そのものである。輝く太陽の下にいただけで体があたたまり、しだいに幸せな気分になってくる。この自然に感謝しなければならない。

いまどき珍しいディーゼルエンジンの列車は、ピーという甲高い警笛を鳴らし、黒磯駅より山間地を走って行く。セイタカアワダチソウの黄色と収穫前のわずかに残った稲田の黄色とそして黄色い柿の実が、ニッポンの里山の秋を彩る。

列車は途中の混雑によって五分遅れで、一時三二分、福島駅に着いた。

福島駅前西口にあるミスタードーナツの店内。中肉中背の大越良二は、白髪の穏やかな表情の人で、見るからに誠実な感じがした。彼は国鉄で働き、東京やホットスポットとなった千葉県我孫子市にも住んでいたことがある。国鉄を退職後、これまで住んでいた東京から妻の実家がある福島市に住むようになった。彼の言葉によれば、根っから労働者で労働運動をやってきた、というのだ。現在、大越は障がい者の就労支援を行っているのも、これまでの活動経歴がそうさせた、と思える。

大越の、甲状腺がんの手術に至る経過は、『週刊金曜日』と本人の弁によれば次のようになる。

震災直後は高血圧（一六〇位）、急性下痢、一週間以上の下血、3カ月おきの通風、心臓の痛みが二〇分くらい続くなど、震災前にはなかった体調不良を覚え、16年8月に福島市内の診療所で自主的に超音波の検査を受けたところ、左側の甲状腺に13ミリの結節を発見。県立医大病院での細胞診で「左葉乳頭がん、リンパ節転移の疑い」と判定され、16年12月1日に全部摘出。

とあり、病気は原発の事故に由来する、と大越は考えている。

「まさか男性が甲状腺がんになるとは思っていなかったんですね。周囲から軽いんだよっていわれていたんですね。甲状腺をとるだけだから、三、四日入院していれば、すぐに退院できると思っていたんですね。実際はそうじゃなかったんですね」

一週間も入院した、というのだ。

「以前、コーラスをやっていたんですが、手術後は一オクターブよりも上は出なくなっちゃったんですね」

大越は低い声になった、という。わたしは手術前の大越の声を知らないので、そのようには聞こえないが、本人はそういう。いわれてみれば確かに声は弱い。それとは別に手術の直後、右手が上がらなくなったり、いまでも嚥下障害のように物を飲み込みにくくなった、という。甲状腺を廓清し、大越の体に予期せぬ出来事が起きた。

「チラーヂンというホルモン剤を毎日、一七五ミリをのんでいるんですが、実際、体から出るホルモンとはちがうわけですよね。めまいがするんです。あと昔とちがうのは、体を動かすのがおっくうになってくるんですね」

わたしはホルモン剤を服用すればいい、と簡単に考えていたが、そうではなかった。甲状腺ホルモンが出ないことによって、いろいろな障害が起きている。実際はそう単純ではない。大越は術後の後遺症で苦しんでいた。

「そんな中、毎年、市民検診を受けているんですけど、それですい臓がんと前立腺がんの疑いも出てきちゃいまして」

「それはそれは」わたしが同情する。

病気が次々と大越を襲ってくる。被曝しなければこのようなことはなかったはずだ。

「いま甲状腺がんは、三カ月に一回の検診を受けていまして」

「それは大変だ。簡単な話じゃないですね」

「いろんなことが次々に起きると、いや、こんなはずじゃなかった、とものすごく思いますね。すい臓がんは本当に簡単な病気じゃなくて、再発率も九〇％、もう、大体、死んでしまうっていうかね。みんなブログに書いているんですけど、がんを発見したときは大体、３か４ですね」

「ステージがそこまで進んでいるんですか！」

「ええ。症状が自覚されてから、がんが発見されているんですね。大体、発見しようがないんですよ。胃の陰になり、見えないからね。ましてや、自分ではわかっていないから、医師にどこを診てくれといえないんです。ただ、わたしは共同診療所ですい臓がんの疑いを見つけてもらって、医大へ行ったんです」

大越は例の悪名高い福島県立医科大学附属病院へ行き、甲状腺がんであることがわかった。

「医大へ行くと実験材料にされるといいますけど、やっぱり医大の状況を見たいし」

大越は治療だけでなく、調査のために医大へ行った。さすが反原発の活動家である。

「このあたりではやっぱり、医大ということになるんですか？」

「医大へ行きますよね。そのほかに大原や総合南東北病院もありますが、やっぱりオーソドックスに医大へ行きますね。県外からもきますし」

医大はそれぐらいの病院ということになる。

原発事故に由来する病気

わたしがいう。

「妻の知人の息子さんが、千葉県柏市にある国立がんセンターで大腸がんの手術をやることになったんですが、甲状腺がんの患者が多い、と知人が妻にいったそうです。知人の息子さんは、そんなに多くいないはずの甲状腺がんの患者が病院に多くいて、不思議に思い、母親に話した、と思われます」

わたしがその話をすると、大越は南相馬市立総合病院の資料を示しながら、原発の事故後、いろいろな病気が増えた、と説明を始めた。まずは問題の甲状腺がんである。

外来患者	南相馬市人口総数	症状名	H22	H29	増加率
		甲状腺がん	1	29	29倍
82,954	70,878	白血病	5	54	10.8倍
42,029	66,542	肺がん	64	269	4,2倍
66,865	65,120	小児がん	1	4	4倍
74,288	64,144	肺炎	245	974	約4倍
74,980	63,653	心筋梗塞	39	155	約4倍
74,901	57,797	肝臓がん	12	47	約4倍
76,154	56,979	大腸がん	131	392	約3倍
81,812	55,404	胃がん	147	333	2,2倍

「（平成）二二年（二〇一〇）は一人、昨年（二〇一七）は二九人ですよ」

患者が増えたのは原発の事故があった翌年、平成二四年、二五年あたりからだという。そして現在も増え続けている、というのだ。

「それが年度ごとにのっているんです。それと白血病ね。リンパ性白血病と骨髄性白血病ですね。骨髄性白

南相馬市立総合病院患者数の推移

期間	白血病			甲状腺がん成人	胃がん	肺がん	大腸がん	肝臓がん	小児がん	心筋梗塞		肺炎
	リンパ性	骨髄性	他							急性	急性外	
H22	1	3	1	1	147	64	131	12	1	33	6	245
H23	1	4	1	4	164	68	154	15	1	36	6	287
H24	1	8	3	8	204	79	188	19	1	40	10	338
H25	1	15	4	12	231	106	222	25	1	51	14	419
H26	3	20	6	15	269	134	258	31	1	63	17	512
H27	4	22	10	19	300	189	314	35	1	89	20	713
H28	6	29	15	21	342	227	385	42	2	123	24	911
H29	7	28	18	29	333	269	392	47	4	132	23	974

血病は発症すると血がつくれなくなってすぐに死んでしまうんですね。いまでも起きているんですよ、骨髄性白血病」

被曝といえば白血病といわれ、その病気が多い、という。

「この資料は、どのようにして入手したんですか？」

「大山弘一という南相馬市の市会議員の方が、病院は市立病院であることから情報開示請求によって入手したもので、レセプト（著者注　患者が受けた保険診療について、医療機関が保険者〈市町村の保険組合など〉に請求する医療報酬の明細書のこと）です」

わたしが資料の表を見る。大越がいったように甲状腺がんについては、平成二二年は一名しかいなかったが、平成二九年、つまり昨年（二〇一七）は二九人で、二九倍になっている。白血病は二二年度が五名であったが、昨年は五四名に増え、一〇・八倍である。心筋梗塞は三九名から一五五名に増え、四倍近くになっている。肺がんは六四名から二六九名に増え、四・二倍になり、肝臓がんは一二人から四七名に増えて約四倍である。胃がんは二倍になっている。福島県立医科大学附属病院のデータと同じで、この資料によって原発に由来すると思われる病気が原発の事故後に増えていることがわかる。これは大変な資料である。

この表に対して南相馬総合市立病院の医師、澤野豊明の反論がネットにあるのでそれを引く。

患者が初めて来院し大腸がんと診断されると大腸がんのカウントが1増えます。その後、手術を行い、定期的に外来にかかっていただくと、治癒、転院、死亡など、当院に今後来院しないことになれば、カウントから除外されますが、その患者は毎年カウントされます。

という。しかし、わたしが書いたのは二〇一〇年と二〇一七年で、七年間も間があいている。患者の数についても二〇一〇年は八万二九五四人で、翌年は震災により四万二〇二九人と半減したが、二〇一七年には八万一八一二人と持ち直し、比較しやすい人数となっている。また、震災によって患者数が半減しているのに、成人の甲状腺がんは一名から四名に増え、骨髄性白血病では三人から四人に、胃がんでは一四七人から一六四人に増えている。肺がん、大腸がん、肝臓がんなどいずれのがんも増えている。従って澤野豊明の反論は当たらない。澤野がいうように同じ病気の患者が次の年度にカウントされることがあっても、治癒、転院、死亡などによって、同じ病気の患者が増え続けることはない。

この表を見ながら思ったのは、震災から現在に至る、放射線量の高い地域にある病院のレセプトを集めて調べれば、被曝の実態がつかめる、ということである。これまで紹介した福島県立医科大学附属病院のデータはレセプトのようだ。

「被害者が声を上げなければ、あの原発の事故はなかったことにされそうですね」

「原発の事故で健康被害は、起きていないっていうことですから。この表をごらんなさい。これでなかったなんていえないですよ。あらゆる病気が増えているんです。被曝の影響だと思うんだけど、毛が抜けた人の話だとか、三カ月おきに耳のまわり、首のまわり、腹のまわりが腫れちゃって真っ赤になる人がいるんです。それでその人は病院へ行っているんですけど、わからない」

「医者のほうは、原発にふれたがらないのか、それともわからないのか、どっちでしょう」

「わからないのだと思います。しかし、これだけ放射能の被曝を受けていることが事実としてあるので、医師は疑ってみるべきです。それでどこかへ紹介するとか、自分で調べてみるとか、それをやらないで隠そうとするんです」

　大越の奥さんが蓄膿症のような症状になり、病院で受診し、その際、奥さんが放射能の影響ではないか、と医師にいったら、「あなた、わたしをごらんなさい。どこに被曝した跡がありますか。被曝なんかするわけがないじゃないですか」といわれたというのだ。

『週刊金曜日』の鼎談に出た三人は、証拠を残そうと、甲状腺の部位を返してほしい、と病院に要求したが、「切除した細胞は病院のもの」といわれ、大越だけが返還されている。大越はそれを測定したが、セシウムは検出されなかった。

「わたしの友人なんかは、四回も白内障の手術をして、二〇日以上も入院していました」

白内障の手術は「日帰り手術」といわれ、入院することはない。四回も手術し、二〇日も入院したとなると、かなりの重症ということになる。第一、そのような話はこれまで一度も聞いたことがない。

「一六年、甲状腺がんで初めて医大に踏み入れて、ニュースを持って行ってまわりの人に配ったりしていたんです。わたしが行ったのは古い病棟だったんですけど、いまは新しいみらい棟ができて、そこに甲状腺や小児科なんか全部あるんですが、いやァ、旧棟は患者で廊下がぎっしりだったですね。廊下を歩くのが大変だったんですから」

「それは何時頃ですか?」

「大体、一〇時から診察が始まりますから。九時ごろだと遅いから」

混雑しているので早めに病院へ行く、という。

「一〇時頃、病院へ行けばその光景は見られるわけですね」

「そうです」

受診者の待合室は旧棟の二階で、中学生や高校生が保護者に連れられて受診している、という。機会をみて、福島県立医科大学附属病院へは行ってみたい。

「いまどこにお住まいですか」

「庄野というところです」

福島市庄野だという。福島駅から西へ一〇キロほど行った農村地帯だという。

「みなさんにお聞きしているんですが、3・11の日、大越さんはどこで何をされていましたか?」

「わたくしは、自宅におりました。ちょうど蓬莱（著者注 福島市の地名）の方にサークルがありまして、そこへ行こうとしていました」

そのときの震度は六だという。それほど揺れなかったが、福島市は停電になり二日間蝋燭の生活をした、という。大越はそのときの心境を自らが発行する『甲状腺がん等罹患者報告集』で次のように書いている。

２０１１年２月にＮＰＯを立ち上げたばかり。いろいろな事をやろうと、障がい者就労支援事業を立ち上げました。農業中心にやろうと２月に立ち上げ、その一カ月後に地震と原発の事故。畑も汚れてしまって精神障がい者は敏感な人ですから何十倍も普通の人よりも心配性。これでは絶対できない、お先真っ暗の状態でした。

「それから一二日に一号機が爆発しますね。あのときはどのように感じましたか？」

「いやァ、あの頃は感じなかったですね。まさかこちらへはこないと。それで考えたのは冬の三月というのは、西風なんですね。絶対に放射能はこない、というのが考えにあったんですね。一四日に三号機が爆発するんですけど、その影響もわからなかったですね」

水素爆発を起こしたのは一号機と三号機で、二号機は爆発しなかったが、一号機と三号機と同じようにメルトダウンし、大量の放射性物質を大気に放出した。原子炉の運転を停止していた四号機は三号機から流入した水素により、水素爆発を起こした。

「そのうちに避難者が県営のあずま総合体育館へきたんです」

「どこから避難してきたんですか」

「相馬と双葉で二五〇〇人ぐらいですね。どこもかしこも床に寝転んでいる状態でしたね。わたくしは双葉出身で知っている人はいないか、見てまわったんですが、いませんでした」

「大越さん自身、被曝したという自覚はあったんですか」

「福島市は24マイクロだとテレビでいっていたんですが、そういわれても放射能の知識がなくて全然わからなかったですね」

「それではいつ頃わかるようになりましたか?」

「事故から三カ月後ですね。雑誌や本を読んで放射能のことを調べたんです」

大越は避難者を支援するためコンサートを開くことにし、宣伝やチケットを配布するため大波、川俣、霊山、渡利、二本松など線量の高いところを数週間まわり、その間に放射能を吸い込み被曝した、という。

喉を切る

そして大越は二〇一二年四月頃から自宅近くの土壌の放射能の測定を始める。事故直後は自宅周辺でつくられた農産物は食べなかったが、翌年になり、徐々に食べるようになった。

「農家へ行って測りましょうかっていうと、そんなことをやったら、桃が売れなくなるよって。

何でそんなことをやるんだっていわれましたね。あるとき物を買いに店に行って、そこでばあちゃんと茶飲み話になって、手術の前に孫が倒れたという話が出て、わたしは医療ミスじゃないかといったんです」

「だけど、そうじゃなかった」

「わたしは手術する段階でわかったんですけど、やっぱり、子どもは怖かったんだと思います。甲状腺の手術をした六人が、交流会をやったとき、みんな手術はものすごく怖かったって。喉を切るわけでしょう」

「ああ、そうか！」わたしが大声を上げる。腹を切るわけではない。喉を切るのだ。それなら誰でも怖くなる。手術を前にして子どもが倒れてもおかしくはない。

「手術の前日、医師がマジックで喉のここを切りますからねって。そういわれると、ぞっとしますよ。その夜は眠れなくてね、一一時すぎに看護師から睡眠薬をもらってのんで、とりあえず眠って。そして手術になるんですが、真っ白で冷ややかな手術室へ一人で入って、そのあと看護師からベッドに上がってください、といわれるんです。そのときは自分で断頭台に登るような気持ちですよ」

同じく手術を受けた河内という人が、『報告集』でそのときの気持ちをこう記している。

私は、手術室が一〇室ぐらいありますがドアが開いたまま手術をしているんですよ。それを見てうわあ、と強くショックを受けました。会話まで聞こえるんですよ。手術の中で一番怖かったのはそのシーンを見ちゃったことですね。

「鼎談を読んでみますと、細胞を検査する『穿刺《せんし》吸引細胞診』は大変痛いそうですね」

「二通りあるみたいですね。痛くない人もいたりして。わたしなんかものすごく痛かった。びっくりするような痛さで、何回も刺すわけですよ。針は太いし。患部には神経がいっぱいあるし、神経を切ったりすれば痛いんだと思うんですよ」

この穿刺吸引細胞診を罪のない子どもたちにもやり、これだけでも東京電力は万死に値する。

「病室に閉じ込められ、外部と遮断して行うアイソトープ治療は、子どもにとって大変辛いことだと思うんですよ。それにまつわる話を聞いたことがありますか」

「『女性自身』の和田秀子さんが取材したのは、その人の話なんですよ。その人は高校時代に甲状腺がんがわかって手術をして、大学へ進学したら、また、再発し、肺に転移してアイソトープ治療をやったんですけど、そのような人は複数人いるんですね。アイソトープなんて100ミリシーベルト以上ですから。200ミリとかものすごい放射線を使うんですから」

「その女性はどうなったんですか」

「医師からあと五年でしょうって。要するに、遠隔転移、ステージ4なんです」

安斎の話に出てきた、わたしがもっとも会ってみたいのが、彼女である。

「奇形児の話は聞いたことがありませんか?」

「奇形児についてはかなり用心深く操作したんだと思うんですね。県はアンケートをとって発表していて、全国と変わらない、となっているんですね。このアンケートの回収率は、四〇%から五〇%の間です。しかも奇形児が生まれた、という人はいないじゃないですか。しかし、一方で周産期についてはちゃんと異常が出ているわけですよ」

周産期死亡の増加については『チェルノブイリ被害の全貌』(二〇一三年四月、岩波書店)にも書かれていた。そのほかにドイツの生物統計学者のバーゲン・シェアブと大阪にある医療問題研究会のメンバーで医師の森國悦が『Medicine』誌に「東日本9県で、福島第一原発の事故後10カ月目より、周産期死亡が増加している」と投稿している。医療問題研究会が発行したパンフレットには次のようなことが書かれている。

2011年3月に日本を襲った震災と原発事故の被害を受けた都県においては、日本全体では通常早期死亡(著者注　妊娠12週以後の死産と生後一歳未満の死亡)が減少傾向を示すのに対して、放射能放出後9カ月ないし10カ月経った後に当該都県(著者注　千葉、福島、群馬、茨城、岩手、宮城、新潟、埼玉、栃木、東京、山形)の汚染度に応じて早期死亡と周産期死亡が突然約5%から20%と、統計上とても有意な上昇を示し続けた。汚染されていない他の道府県では、このような影響は見られなかった。

医療問題研究会は、きょうから四日後の一〇月二五日、郡山市労働福祉会館で「第7回低線量被曝と健康被害を考える集い」を開き、わたしはそれに参加する予定でいる。集会があることは、わたしのよきアドバイザーで市民運動家の沓沢大三が教えてくれた。大越に会に出ないかと誘うと出る、という。その会についてては大越も知っていて、研究成果の資料についてもすでに入手していた。

「あの研究は、わたしにとってすごく自信になりました。国も県も遺伝に対して放射能の影響は全然ない、といっているでしょう。でも、直接、被曝の影響がなくても遺伝による影響があるんです」

それが恐ろしい。さらに大越が話を続ける。

「わたしの娘は3・11の当時妊娠したんですが、二人とも稽留流産《けいりゅう》です」

放射線の被害は大越だけでなく、二人の娘にも及んでいた。

ここで稽留流産について調べる。こう書かれていた。

妊娠二二週未満に胎芽あるいは胎児が死亡後、流産の症状がなく子宮内に停留している状態。

とあり、周産期が妊娠二二週から生後七日間なので、周産期以前のことである。

「大越さんは原因を原発の事故に由来する、と考えていますか」

「もちろん疑いました。わたしは娘に胎児か胎芽かを調べたい、といったら、とてもそんなことは医師にいえないといわれました。その娘は線量の高い渡利地区に住んでいましたから」

大越の話を聞いていると、東電被曝は大変な事態になっている、と思えてくる。

「小児科の先生が、県民健康調査検討委員会で稽留流産の報告はまだ上がってきません、という話だったんですが、血液検査で異常であるかどうかわかるんです」

医師は証拠が残るので血液検査の結果をカルテに書かない。被曝の被害を小さく見せるために記録しないのだ。

「飯舘村では女の子よりも男の子の生まれる数が少ないんです。周産期前に死んでしまうようなんです」

「それは稽留流産に入るかも知れませんね。まだ形になる前ですから」

大越良二がいまもっとも力を入れていることは、被曝者自身が声を上げることだ、といい、それを自らも実践している。そうしなければ原発の事故で健康被害がなかった、とされるからだ。そこで大越は福島原発事故放射線被曝甲状腺がん等罹患者交流会を催し、報告集を発行したり、二〇歳になる中島未来を実名で自らが発行する『ふぁーむ庄野』に登場させている。中島未来の症状の経緯がそれに記されているのでそれを引く。

未来さんは中学3年生の夏、第1回目の甲状腺検査で結節7㎜B判定だった。穿刺細胞診を受け経過観察。
1年後、2回目の検査の時13㎜に増大。（国際基準は10㎜超手術適応）
3回目には二つの結節が判明。二つの卵が重なる様な状態に主治医も「2つあるなんて考えられない」と異常さ（放射能影響も）を認めていた。

4回目が今年の3月27日。結節は20㎜に達し、悪性、手術前提の検査を8月に予定。

とある。わたしがたずねる。

「検査結果はどうだったんですか」

「良性だったんですよ」

良性でも油断はできない、と大越はいい、これからも見守っていきたいという。

大越は中島未来とその祖母とは面識があり、いっしょに抗議活動をやっている、という。機会があれば、会って取材してみたい。

部落から出て行け

「これもみなさんにお聞きしていることですが、放射能の影響と思われるような自然の変異を見たり、感じたりしたことはありますか？」

「南相馬の鹿島区に、わたしの親戚があるんですよ。そこで竹屋をやっていて、焼却炉の煙突があるんです。そこのおばあちゃんが煙突に光るものがついているっていうんです。あとで行って、下の土壌を測ると、やっぱり高いんですね。60万ベクレルぐらいはあったんですが、その光というのは」

「放射能だった。南相馬放射能測定所で聞いたら、そんな光る放射能はないよ、なんて話になって。ところが車のワイパーにも、放射能が光っていた、という人が出てきたんですよ。のちに福島大学の調査で放射性核種のランタンであることが判明するんです」

そのことは『ふぁーむ庄野』に談話として出てくる。それを取材したのは大越で、その話をしたのは福島市に住み、阿武隈川の河川に飛来するオオハクチョウに餌を与えている七一歳になる渡邉孝子である。車のワイパーの届かない部分にキラキラと光る黒茶色の細かい粒子が付着し、臭いを嗅いでみると、鉄錆のような臭いがしたという。

渡邉は興味深いことを話しているので引用する。

―中略―　放射能の知識のないまま、また放射能の数値の高いのも分からず久しぶりに怪我をして４年目のオオハクチョウの「シロ」に会い餌をあげて再び会えた喜びに少しの間いっしょに過ごし、その後駐車場のゴミが気になり、ゴミ拾いをして３時間過ごしました。家に帰ってから手洗い、うがいをして少し休んだのですが、また気分が悪く頭の中はボーッとして何かをやりたい気持ちがあっても気力がなくおもわしくない体調でした。後でこれはブラブラ病かなと思いました。

渡邉の話が続く。

河原で会った人に話を聞くと3月14、15日頃の空はどんよりして朝なのに黒っぽい空の色だったと聞きました。変な臭いがしたとか、カーバイトのような臭いだったという人もいて、私が機械の摩擦で出るような臭いと感じたのと同じだと思いました。

―中略―

サイクリングロードを歩いている人はミミズがいなくなったとか、喉がイライラして咳が出る、また出している腕や顔がヒリヒリして目がチカチカしたという人もいました。

飯舘村の安斎徹のいっていたこととそれほど変わらない話を渡邉孝子はしていた。

話を戻す。

「ほかに何かありますか?」

「百姓をやっているから、玉ねぎに四つの足が出てくるのはよくわかっていたんですけど」

「四つの足が?」

わたしは玉ねぎを思い浮かべ、四つの足を想像してみたが、イメージがわかない。

「玉ねぎって、根がね、下にぼーっとまとまって一箇所に出るんですよね。それが四箇所ある」

「へぇ～」わたしが驚く。

「原子力資料室の人に相談し、また播いてくれということになって、根がどういう風に出るかなァってやったら、全部、腐りました」

ふつうであれば玉ねぎは腐らない、という。

「ということは？」

「要するに淘汰された」

そうかも知れない。

そのほかに背丈の低い松の冬芽に異変が現れ、曲がっていたり、一本ではなくて、三本いっしょに出ることもある、という。それと松や杉といった建築資材も放射能に汚染されている、という。このことは飯舘村の伊藤延由もいっていた。

「寝てても、トイレへ行っても、絶えず被曝しているわけでしょう。しかも赤ん坊もいるわけでしょう。それなのに林野庁はスルーなんですよ。100ベクレルなんて基準じゃないんですよ。何万ベクレルの状態におかれているわけです」

廃材も放射性物質を含んでいるので焼却できない、というのだ。

「ところで動物はどうですか？」

「ヘビはいなくなったんですよ。ことしは草刈りのとき、一匹だけいました。うちのまわりにはヘビがすごく多かったんですよ。濡れ縁にもヘビがいるくらいで。わたし、ヘビは大切にするほうだから、いじめたり、殺したりはしないんだけど」

七年間、家の周囲にまったくといっていいほどヘビを見かけなくなった、というのだ。

先ほど大越は『ふぁーむ庄野』を県立医大の受診者待合室でも配布していたといっていたが、そのほかに県民健康調査検討委員会で配布したり、大越が住んでいる地域でも全戸配布していた。その数、六〇〇〇戸である。

『ふぁーむ庄野』は月に一度、一千部が発行され、原発に関する記事が八ページにわたってびっしりと掲載されている。被曝者と思われる人たちを取材した記事や医療問題研究会が発表した論文などがのっていて、さながら反原発の専門紙の感がある。それを大越が一人でやり、経費もかかる。しかも被曝しているのだから、まさに超人である。

そしてこういう。

「わたしに対して、部落から出て行け、という無名の手紙が舞い込んだりするんですよ」

◉第七章──二本松市からの報告

福島の詩人、関久雄

一〇月二五日、午後三時、わたしは郡山駅のビルの中にある喫茶店で福島県二本松市に住む関久雄に会った。いまから五年前の二〇一三年一一月、わたしは関が主宰する「福島スタディツアー」に参加。彼の案内で福島市内の繁華街の中にある市民放射能測定所を見学、そこから車で北へ移動し、福島市でもっとも放射能によって汚染された渡利地区の住宅地やオオハクチョウが飛来することでも知られている阿武隈川の河川敷へも行った。さらに伊達市にある標高八二五メートル、奇岩で知られている霊山《りょうぜん》や当時、まだ宿泊が許されていない飯舘村へも足を伸ばした。飯舘村では農地にうず高く積み上げられた黒い色のフレコンバッグを見たり、細川牧場では死んで間もない、何かに食いち切られたようなポニーの、血で赤く染まった死骸を見た。のちに牧場主は放射能の影響で馬が死んだ、と東京電力に損害賠償を請求し、市民運動家の沓沢大三が証拠集めに奔走した。

関は反原発のウオッチャーである。関は詩人だけに彼の観察力にわたしは期待した。

関についてはこれまでの経緯から、必ず会おうと決めていたが、機会がないままになっていた。ちょうど都合のよいことに「低線量被ばくと健康被害を考える集い」が郡山市の労働福祉会館で開催されることと、大越良二と関久雄が同じ福島県の中通りに住んでいることから、この地域の被曝の状況がどうなっているのかを知るよい機会だと考え、関と会うことにした。これまでは飯舘村など浜通りに住む人の話が多かったので、大越と関の話を聴けば、被曝地のおおよそをカバーしたことになる。もちろん、これで十分だとは思っていない。

わたしは関と会ったあと、その集いに参加し、翌日は交通の便の悪い飯舘村へ行く予定を立てたので、前回とはちがい、きょうは車できた。

中背でがっしりした体格の、髭面の関久雄が、テーブルを挟んでわたしの前に座った。髪型は長髪を後ろで束ね、赤や青といった原色のバンダナがよく似合い、どう見てもサラリーマンには見えない。青い瞳の男で、六七歳になるが、年齢よりもずっと若く見える。そして存在感があり、その風情からはミュージシャンである。ネットの投稿画像を見ると、人前で詩を吟じるだけでなく、ギターで弾き語りをするらしい。彼の行動と風貌が一致する。

最初の質問は3・11の日、関がどこで何をしていたかで、いつの間にか恒例の質問事項になっていた。わたしがテープレコーダーのスイッチを入れる。

「作業が終わって、さあ、着替えて帰ろうとしているときに、職員の携帯のアラームが、一斉にピーピーと鳴ったんです。地震がすぐにくるということで、とりあえず、みんなで外へ出たら、本当にすごい揺れがきて」

関は当時、二本松市にある知的障がい者の施設の職員で、大越と同じような仕事についていた。

「そのとき知的障がい者は、二五名ぐらいいたんだけど、パニックになっちゃって。そういう状態が長く続き、何か悪い夢でも見ているんじゃないかと思っていたら、また、次がきた。そのときに東の方から山鳴りが聞こえた」

「山鳴り？」わたしが聞き返す。

「ごおっという音が聞こえた。必死になって、泣き叫ぶ子どもたちを抑えて。そしたら突然、雪がふってきた」

それこそ天変地異が起きた。

「それまでは晴れていたのが、突然、曇ってきたと思っていたら、こんどは急に雪がふってきて、寒いし、冷たいし。それで利用者さんを建物の中に入れたんです。おそらく、地震で瞬間的にぐっと気温が下がったと思うんです。それでラジオとテレビをつけたら、高さ一〇メートルを超える津波が予想されます、直ちに避難してください、とこれをずっといっているわけ」

女川原発で働いていた今野寿美雄も同じことをいっていた。

「高さ一〇メートル。二階の建物よりも高いのがくる、ということでぞっとして。待てよ、原発はどうなるのかな、と思った。これはヤバイことになると」

すぐに関久雄は原発のことが気になった、という。これまで反原発の運動をしている人の中で、そう思ったのは安斎徹ぐらいしかいない。

「それは原発に反対してきたことが念頭にあったから?」

「あったから。だって、ぼくは一九八六年のチェルノブイリの事故のとき、とても痛い目にあっているから。それは何かっていうと、あの当時、ぼくは有機農法の八百屋をやっていた。そのときにチェルノブイリの原発の事故が起きて、日本でも牛乳から1万ピコキューリーが出たり、野菜からも検出され、お客さんたちは有機野菜に手を出さなくなった」

有機農法で栽培した野菜を買う客は、たいてい自然環境に対して大変敏感な人たちで、放射能で汚染された野菜は買わない。関にとっては予期せぬ出来事が起きた。

「自分がよかれと思って始めた自然食とか無農薬野菜は、原発事故一つでぶっ飛んだと思ったときに、原発を止めなければ自分たち八百屋の未来はない、と思い、それからずっと原発の反対運動をしてきたんですよ」

大体の人たちは福島の事故を契機に、原発の反対運動を始めている。関のような人は珍しい。

原発の事故後、関は妻と息子二人と叔母の四人を親類が住む埼玉県の所沢に逃がすことを決断、すぐに行動を起こした。家族総出で、まずペットボトルや風呂や鍋や釜に水を貯め、建物の隙間をガムテープで目張りし、次にくる地震に備え、家具を固定した。逃走用の車の燃料が必要になり、懸命に探したが、どこのガソリンスタンドも品切れで、ようやく、障がい者の施設と関係があったバイオ燃料を製造する工場から燃料を調達することができた。現場の担当者から逃げるのか、と問われ、関はそうだ、と答えると、さらには六〇リットルの燃料を分けてくれた。

　そして三月一五日午前一一時、奥さんの運転で二本松市にある自宅を出発。これが最後の別れになるかも知れない、と思い、関は一人ひとりと抱き合い、次男の息子に対してお母さんを頼む、と告げて別れ、仕事のある関と長男が二本松に残った。

「一五日というと、けっこう危ない日でしょう」

「そう、そう。あのときは、プルームが流れたと同じように四人は南下して行った」

　あいにく東北自動車道は通行止めで、家族は国道四号線を使って逃げたが、途中、道路が壊れていたり、ビルが倒れていたりして、目的地の埼玉県所沢市についたのは午前一時であった、という。実に一四時間もかかったことになる。

「ぼくは逃げる算段を考えていた。あのときの情報では原発から一〇〇キロ逃げればだいぶちがう、と思っていた。一〇〇キロというと、会津若松か、那須塩原のあたり。そこなら、自転車でも逃げられる。メルトダウンが起きたら、自転車で逃げようと思って、町の自転車屋さんへ行ったら、自転車が一台もない。みんな同じことを考えていたんだ。ガソリンがないから、町には車が通らない。走っているのは自衛隊とか警察車両だけ。お店はどんどん閉まるわけです」

「うん」

「売るものがないからね。それでみんなは逃げる支度をしている。戦争が始まったら、こういうことになるのかなァ、と思うような緊迫した状態だった」

被曝の影響

テーマは改めていうまでもなく、原発の事故による被曝である。わたしはその話に仕向けた。

「昨年、関さんは松戸で開催された反原発の集会でこのチラシを配りましたよね」

ここで関が書いたチラシを見せた。表題は「福島のいまの声から見える全体主義」となっていて、「福島から始めよう」「福島安全宣言、いま必要なのは心の除染です」「デマ風評被害撲滅キャンペーン」「原発ゼロが先ではない、被ばくゼロと風評被害ゼロが先だ」などの言葉が前段でびっしりと書いてあった。後段では「福島県中通りで6年間に見聞きした発症と死」と題し、突然死（六〇歳、女性、障碍者）心臓動脈瘤破裂で死亡（四八歳、男性）じん臓がん摘出（六三歳、男性抗がん剤治療中）などと病状と経緯がこれまたびっしりと書いてある。関がいう。

「集会にはいろんな人がたくさんいたでしょう。同じような話をしてもしょうがない、と思ったから、このように書いた」

そしてこういう。

「自分のことでいえば、三月一五日に家族を所沢に避難させたけど、四月になると学校が始まる。会社に戻ってこないとクビになるということで、しょうがなくてみんな戻ってきた」

同じようなことは飯舘村の村議である佐藤八郎もいっていたが、家族が二本松市の自宅に戻り、家族はいろいろな病気になった。

「子どもは鼻血を出しました。女房は子宮頸がんになりました。原因は放射能かどうかわからない。

避難によるストレスは相当あった。で、女房は県立医大に入院した。四人部屋に入って、あとでわかったことだが、生き残ったのはうちの女房だけだね」

このことからも被曝地は大変な事態になっていることがわかる。しかし、マスメディアはほとんど報じなかった。

そして関も体調を崩した。

「自分の症状でいうと、原発の事故後二年ぐらいはずっと下痢だった」

しかし、福島県を離れると収まる、という。

「何でかなァ、と思って、あとでいろんなデータを見たら、被曝すると真っ先にやられるのが腸内細菌」

「善玉菌がやられた？」

「そういうのが死滅する。腸内の微生物がダメになって、免疫力が落ちて、その次に病気になる。いきなり、がんか何かにはならない」

関によれば、徐々に病気になっていくという。『プルト君』というブログがあって、そのことが書いてあった、という。アメリカやロシアではその研究がされている、というのだ。

「あと尿管結石になり、緊急入院を二回やって、そして昨年は胆石ができ、胆のうを全摘。ことしは医師から通風といわれている。でも外へ出るとちょっと収まる」

これが不思議である。安斎も同じようなことをいっていた。だから保養は必要になってくる。関の話が続いた。

「二〇一一年に事故があって、翌年には女房と息子が山形県の米沢に避難した。家の中はがちゃがちゃではっきりいえば、あの当時のままなんだ。居間は多少、掃除はするけど、埃もあの当時からあるかも知れない。それで昨年、家の中の埃を掃除機で集め、測定したら6766ベクレルだった」

さらに関は話を続ける。

「うちの家の後ろは、お寺で山なんです。土埃と枯れ葉が屋根に溜まるんです。大体1万ベクレル」

一キログラムあたり8000ベクレルを超えると、法によって適切な方法で放射性物質を安全に処理しなければならないことになっているが、その数値を超えていた。このような環境の中で暮らせば病気になってもおかしくはない。関によれば、がんとか白血病であれば、放射能の影響が考えれるが、結石や胆石の病気だと原因は加齢なのか、放射能なのかがわからず、医師からは考えすぎでしょう、といわれてしまうという。関がいう。

「二〇一一年にミッシェル・フェルネックスというスイスに住んでいる学者が郡山にきた。それは二、三〇人の小さな集会で、講演後に質問した人がいたんですよ。福島の高校生二人が突然死し、その人たちの解剖をやったら、放射能との因果関係がわかるんじゃないか、と。そういったら、彼はそれをやっても因果関係は多分、認められないだろうと。なぜかっていうと、彼の友だちにベラルーシかな、ユーリ・バンダジェブスキー（著者注　遺体を解剖し、セシウムが心臓に蓄積することを証明した学者）という人がいて、その人は二〇〇〇人ぐらいの人の解剖検査をやっている。だけど、国は因果関係を認めていない。認めるどころか、彼は逮捕された。一例や二例では因果関係は認められないという」

裁判所が放射能による因果関係を認めるか、どうか、被曝者にとってこれから最大の関心事になってくる。そのためにはいまから立証の準備をしておかなくてはならない。

「これから生まれてくる子どもにどんな病気が起きるか、あとは子どもが生まれる男女の比率」

関は二〇一三年に話していたことをまた、話した。重要なことと考えてきたからだ。

「実は明日、飯舘村の役場へ行って、そのデータを職員から見せてもらおうと思っているんですよ」

わたしは翌日の予定を告げ、話を進める。

「チラシにも書いてあったことだけど、原発の事故に由来すると思われるような病気になった人の話をしてくれませんか」

「ぼくの音楽仲間の友だちが、三年ぐらい前かな、四八歳だけど、動脈瘤乖離で一カ月ぐらいで死んじゃったけど、いきなりでびっくりした。彼はテレビ局に勤めていた営業マンだったけど、因果関係はわからない」

関はチラシに書いた人の話をした。彼の話が続く。

「ぼくのやはり友だちで、いろんな活動をいっしょにやってきたんだけど、山下さん（著者注　福島県立医科大学副学長で、福島県放射線健康リスク管理アドバイザーの山下俊一）の話を聞いて、いやァ、いままでオレは心配していたんだけど、もう放射能は気にしないで生きていくといって、何だ、こいつと思って、ケンカ別れのような状態になっちゃたんですよね」

「その人は何をやっていたんですか？」

「前は自営業で、いまはタクシーの運転手をやっているという話で、それで疎遠になっちゃって、二年ぐらいして突然、家へきたんですよ」

「それで」

「そうしたら、髪の毛が真っ白になって、痩せて、いまは五〇代だと思うんだけどね。おまえ、どうしたんだっていったら、いやァ、食道がんになって、ここから食道をとっちゃって、胃を引っ張ってつなげている。彼は山菜かなんかを持ってきてくれて、そのときにふっと思ったのは、放射能を注意しないで暮らしていたかも知れない。結果的にはそれが原因かどうかは知らないけれど、食道がんになっちゃったわけですよ」

友だちは関に山菜を持ってきたくらいだから、自分でも食べていた可能性は高い。いまは福島県産の米や野菜や果物から基準値以上の放射性物質は検出されていないが、キノコや山菜から基準値以上の放射性物質が検出されているので、関の友だちは山下俊一のいうことを信じて山菜を食べて、それが一因となって食道がんになった可能性はないとはいえない。

「ほかにありますか？」

「二〇一三年頃、保養の相談会を須賀川でやったときに、ぼくのブースにきた人は、郡山の年配の人で、自分の息子夫婦が郡山にいる。自分は震災のとき宇都宮に避難していた。何カ月かして郡山に戻った。息子たちはそこにいた。息子夫婦に子どもができた。だけど、お腹の中で成長していない。それで死産となった」

「ああ」

「息子の友人の奥さんが妊娠して七カ月になったんだけど、片方の足がひどく短い。医者がどうしますかっていった」

「う〜ん」

「結局、どうなったかっていうと死産。おろしたということになるんでしょうけど、それはまァ、その人が直接いったことだからまちがいはないと思う」

これまでは原発が近くにある浜通りに被曝者は多い、とわたしは考えてきたが、大越良二や関久雄の話を聴くと中通りも多い。浜通りは原発の事故後、一斉に避難したが、中通りの人たちは放射線量の高い場所に住み続け、それで病気になった、ということも考えられる。

関によれば、親がストレスを受けると、標準よりも小さな子が生まれることもあるという。ストレスの研究で博士号を取得した伊藤浩志が災害によるストレスについて『復興ストレス—失われゆく被災の言葉』（二〇一七年二月、彩流社）に書いている、というのだ。ストレスは万病のもとで、菅野榮子が避難生活で大変なストレスを受けた、といっているので人体への影響は避けられない。

そして関は取材が終わりかけたとき、わたしにこんなことをいった。

「取材の腰を折るようで悪いんだけど、いま、福島の状況は複雑だし、現状を肯定している人もいるわけだよ。放射能は、そんなにたいしたことはなかったんじゃないか。不安になっている人はバカ。ぼくみたいに保養とかいっている者に対して、保養は不安を煽る。いわゆる風評被害は、差別を生む行為だとバッシングされるんです。そういうことで、いまどちらかといえば、福島は全体主義で、とても物をいえる状況ではない。いま現状を切り取るんであれば、こういうデータがあるというだけでなく、現状を肯定している人も含めて、双方を丁寧に追ってゆく。そうすれば何が矛盾しているのか、いま何が起きているのか、といったことが見えてくると思う」

わたしは関から助言を受けた。わたしもかねがね原発を肯定している人の話を聞いてみたいと思ってきたが、なされていない。テーマは被曝だが、避けては通れない。機会があれば、そのような人からも聞いてみたい。

最後に放射能の影響と思われる自然の変異についてたずねた。

「それはいくつかありますよ。自分でも写真に撮っているけど。例えば、ヘチマの胴から葉っぱが出ている。ぼくの友だちが、二〇一三年に撮ったアマガエルの写真は、完全に奇形。背中から内臓が出ている」

「原発が爆発したとき、鉄の臭いがしたとか、車のワイパーに光る物質があっただとか、奇妙な体験をした人がいるんですが、そんな体験はありますか？」

「ぼくが初めて飯舘村へ行ったのは、原発の事故があったあとの三月二三日だった。それは四月一日から霊山へ仕事に行くってことになっていて、霊山から飯舘へは霊山の裏から抜けられる山道があるんですよね。そこにきたときに奇妙な動悸とそれから何かよくいうスプーンを舐めているような金属の臭い、それはね、感じたんですよ」

関が二〇一三年一〇月五日に詠んだ詩を紹介し、関久雄の話は終わりにしたい。詩の題は「放射能はね」となっている。

放射能はね　核分裂して　生まれる
そいつはね
何でも　分裂させる　性質を持ってんだって

だからか　福島では
地域でも　職場でも　仲間内でも
対立や　いさかいが　絶えねぇ
いやなら　出ていけば　とか言われるし

ああ
放射能　くっつかねえように　してえな
神経質だとか　セクトだとか　言われたくねぇもん

ホウシャノウ　蛍　見てえに　光ればいい
そうしたら　暗いほうさ　逃げられる

目を閉じて　心の目を　開く
落ち葉の裏　歩道の吹きだまり　秋の風の中に
月夜茸　みたいに　光るものが　そこかしこ

ほら　いま　鼻先を　かすめた

そして飯舘村へ

関と別れ、わたしは集いが開かれる郡山市労働福祉会館へ向かった。これを紹介してくれたのも沓沢大三である。チラシによれば、メインテーマは「原発事故後の広範な健康被害の増加を考える」となっていて、わたしのテーマと一致した。

労働福祉会館は、郡山駅から歩いて一五分ぐらいのところにあった。会場のホールにはすでに沓沢は到着し、すぐに大越良二がやってきたので、わたしは途中まで書いた大越に関する原稿を見せ、その場で不明な点をたずね、そのあと誤りを訂正してもらった。

集いは学会と呼ばれ、誰でも参加できるが、参加者は医師や研究者が多く、内容はかなり高度で、わたしには半分ぐらいしか理解できなかった。

学会が終わったあと、郡山駅の近くにある居酒屋で二次会が開かれ、医師と名刺交換を行った。医師のほかに三春町在住の写真家で、佐藤八郎の話にも出てきた飛田晋秀とも名刺交換をしている。

会は一一時にお開きとなり、わたしは駅前のカプセルホテルに入った。何と一泊二二〇〇円である。床につきウトウトしかけたとき、緊急地震速報が宿泊客の携帯電話から一斉に鳴りだし、それで目をさました。近くには廃炉作業中の福島第一原発がある。そのとき原発は大丈夫か、と心配になった。神経質なわたしは、一旦、目をさますともう眠れない。あたりが明るくなるのを待って、五時にカプセルホテルを出て、薄明りの中、国道四号線を使い、飯舘村に向かった。

四三名の死者

まず福島市に向かって国道四号線を走り、しばらくしてそれを離れ、車の行き来の少ない山道を走り、六時半、飯舘村の役場の前に到着した。わたしは車を駐車場に入れて、いまきた道路を渡り、役場の前に立った。二階建ての建物が役場で、広い敷地の中にこじんまりと建っている。安斎徹がいっていた、白い色のモニタリングポストが庁舎の前庭にあった。空間放射線量は一時間あたり、０・２６マイクロシーベルトを表示していた。徹底的に除染したこの場所が、この線量である。因みに除染の対象は０・２３マイクロシーベルトでその数値を超えている。しかも伊藤によれば、モニタリングポストは二割近く、低く表示されるように設定されている、というのだ。目を左に転じると、先ほど渡った道を隔てて震災のとき、浜通りからの避難者を受け入れたり、住民集会の場所として使われたいちばん館の建物があり、駐車場を挟んで二階建ての特別養護老人ホーム「いいたてホーム」が見える。すでに書いたことだが、原発の事故後の三月一四日、いちばん館といいたてホームの間にモニタリングポストが設置され、翌日の午後六時二〇分頃、毎時44・7マイクロシーベルトの放射線を検出し、飯舘村が放射能によって汚染されたことがわかる。

庁舎の周辺には人家はなく、早朝ということもあって、車の行き来はほとんどない。わたしは車の中で、役所が開くのを待った。あたりはシーンとし、鳥の声さえ聞こえてこない。七時近くになって、ようやく車が走り始める。八時になると老人ホームの職員が車で出勤してきた。わたしが車の外に出る。わたしと目が合うと、職員は必ず「おはようございます」と挨拶をして通りすぎて行く。実に律儀である。すると向こうから笑顔で挨拶をしてきた年配の職員がいる。わたしは顔を合わせた瞬間、この人とは仲良くなれると思い、飯舘村へ取材にきた、と告げて、テープレコーダーのスイッチを入れた。

「それで職場はどこですか?」

「いまですか、健康福祉課の地域包括という……」

「ああ、そうですか」わたしが頷く。

東京から移住し、老人ホームで働いている男がいる、と沓沢大三はいっていたが、その人かも知れない。さっそく名刺を交換する。名前は星野勝弥といい、名刺には介護に関する相談機関の地域包括センターとなっていた。この人にまちがいない。

「ケアマネジャーですか?」わたしが確かめる。

「まさかケアマネジャーの仕事をするとは思っていなかったんだけど、ここへきて初めて」

飯舘村でケアマネジャーをやっている、というが、もらった名刺には保健師となっていた。

星野によれば、三鷹市で帰国生を対象にした高校の教師を五〇歳までやってきた、という。そのあと外国人労働者のために医療をやりたくなり教師を辞め、多くの外国人労働者が住んでいる群馬県太田市に転居し、ＮＰＯ法人で医療の手伝いを二年間やって、東京へ戻り、五九歳で看護師の免許を取得し、三鷹市で五年間、精神科の訪問看護の仕事に従事し、昨年、飯舘村に移住したという。どうやら、彼は異色の経歴の持ち主のようである。年齢は六五歳になるという。

なぜ、そのような人が飯舘村に移住し、臨時職員として役場に勤めたかである。そのことを星野にたずねると、東京で電気を使い、大きな事故が起きても何もせずに傍観しているのはおかしい、と思ったという。

「それでは罪滅ぼしですか？」

「罪滅ぼしというか、ぼくは昔から原発に反対で、原発を差し止めることができなかったから、自分にはその責任があると思って。いわば国民の戦争責任みたいなものだと」

「ああ、そうなんですか」

「まあ、そんなに大袈裟なことじゃないですよ。ここでスローライフを営みたいこともあって」

星野が照れ笑いをする。

「ところでお住まいはどこですか？」

「ここから三キロ先の飯樋《いいとい》です。飯舘村から通っているのは極少数で、ぼくはそのうちの一人です」

役場の職員も放射線量が高いのでほとんど村には住んでいない、という。星野によれば、まだ仕事が決まらないときに比較的人口の多い、飯樋地区にある空き家を買った、という。それだけ飯舘村に住んでみたかったのだ。会ったばかりなのにこんな話になり、わたしの勘が当たった。

「で、原発に由来するような病気の方が現れていますか？」

「実はそこは村の職員はほとんどタッチしない、というか、ダブーというのは大袈裟だけど、あんまり、そういう話題って、現場ではないですね」

わたしは飯舘村の役場に行けば、被曝の現状がわかるかも知れない、と淡い期待を持ってここへきたが、職員はタッチしていない、という。残念である。以前、役場は被曝の情報を持っているのではないか、と佐藤八郎に聞いたが、持っていない、と即答していた。佐藤のいうとおりのようだ。

「職員はみんな、すごく気にしていますけど。この村の場合、村長のスタンスもあって、本当にデリケートですね。別にみんな、それに右へ倣《なら》えをしているわけじゃないけど。だから、原発に関しては、発言とか、認識は慎重ですね」

これから役場へ行って、男女の出生比率と東工大で素粒子を学び、アメリカの大学に留学した、僧侶でもある杉岡誠から二〇一一年三月二八日、放射能の調査にきた京大の今中哲二を二日間にわたって、村内を案内し、そして得られた調査結果を村としてどうしたのかをたずねるつもりでいる。後者の件については取材を拒否されるかも知れない。

「飯舘村に住む人で、被曝して毛が抜けた、という人と何でもない、という人に分かれるんですが」

前者は安斎徹で、後者は伊藤延由である。わたしは二人を念頭において話した。そのほかの人でいえば、佐藤八郎や菅野榮子は後者で、胃がんの手術をした菅野芳子は、前者の可能性がある。

「一人だけそういう話はあった。ぼくは目の前でその人の症状を見ているわけじゃないけど、そういうふうに本人は思っている。原発事故の直後、村民はすごく被曝しているでしょう。それを否定する根拠はないから、肯定も否定もしないで、その人とは対応していますけどね」

被曝した、と自分でいっている人がいる、という。その病気ががんであれば、いまは二人に一人ががんになる時代なので、自身のがんが原発の事故に由来していると気づかない人たちが相当数いるのではないのか。具体的な例でいえば、胃がんになった菅野芳子である。わたしがいう。

「何だったら、ここで余生をすごしてもいいところです、飯舘村は」

不思議なもので飯舘村の人たちとかかわっていると、村に対してだんだん愛着を感じるようになってきた。

「本当にすてきな村です。これだけすてきな村を一気に汚しちゃったということは、どれだけの犯罪かと思います」

星野は取材で村にくるようなことがあれば宿を提供するといってくれた。わたしは礼をいって星野と別れ、役場に向かった。

八時二五分、役場の中へ入り、一階で庁舎内を見渡す。すでに職員たちは忙しそうに働いていた。確認したいことがあったので、わたしは二階にある広報係へ行った。若い職員が丁寧に対応してくれる。何人が帰村したか、とたずねると二〇一八年一〇月一日現在の避難者情報が書かれた資料を見せてくれた。それによれば帰村者は、七九一名で世帯数は三八〇となっている。その数字から主に老夫婦と一人暮らしの人が帰村した、と推測できる。やはり、若い人たちは帰村しなかった。職員から資料として『飯舘村2年間のあゆみ』と平成30年3月30日、飯舘村発行の冊子『までいの心を綴る』をもらった。

一階に戻り、復興対策課へ行き、農政係長をしている杉岡を訪ねたが、係の職員から庁内にはいない、という。午後も帰ってこない、というので、取材は諦めるしかない。最後に懸案となっていた男女の出生率について住民課でたずねた。

若い女性の職員が三〇分近くをかけて調べてくれた。それとインターネットの数字と照らし合わせてみると、インターネットの数字に誤りがあった。資料によれば、震災のあった二〇一一年、男が一四人生まれ、女は一九名で、女の子のほうが多い。問題の震災の翌年、男が一七名で、女は三四名である。女のほうが七名も多い。二〇一三年は男が二二名で、女は二六名で、この年も女が多い。ふつう男は弱いので女よりも男が多く生まれると、といわれているが、そうなっていない。二〇一四年は男が三二名で、女が三三名になり、一名だけ女が多い。二〇一五年は男が一八名で、女は三二名である。ことし(二〇一八年)になって初めて逆転し、男が一九名で、女は一八名が生まれた。二〇一一年から二〇一八年までの八年間に男は一七三名が生まれ、女は二一六名で、女のほうが四三名も多い。これは放射能の影響といっていいのではないのか。さらにいえば、生まれていいはずの子どもが死んでいた、ということになる。男の子のほうが生まれる人数が少ないので、飯舘村では四三名以上が死んだことになる。

年	男	女	計
2011	14	19	33
2012	17	34	51
2013	22	26	48
2014	32	33	55
2015	18	32	50
2016	28	29	57
2017	23	25	48
2018	19	18	37
計	173	216	

◉第八章――郡山市からの報告

見ざる聞かざる言わざる

まもなく二〇一八年が終わろうとしているが、一二月四日、東京都練馬区で気温二五度以上の夏日が記録され、翌日の東京新聞は「師走に夏日」と報じた。依然として異常気象が続いている。それでも、一二月の中旬になって冷え込む日が続き、ようやく日本列島は冬らしくなってきた。

一二月二二日、北小金駅午前七時五六分発の電車で、わたしは郡山駅へ向かった。きょうの取材相手は高校教師の渡辺紀夫で、大越良二と菅野みずえらと『週刊金曜日』の鼎談に出ていた人である。彼から話を聴き、渡辺紀夫がとんでもない人物であることがわかった。

『週刊金曜日』によると、彼のプロフィールは次のようになっていた。

郡山市在住。2015年4月に左の甲状腺摘出。私立高校教師。妻も震災後、甲状腺ホルモンが過剰に分泌される「バセドウ病」に。55歳。

東北の郡山市は寒い、とわたしは予想し、厚手のジャンパーを着込んできたが、その必要はなかった。気温は高い。車窓には見慣れた風景が流れる。那須連山の山稜には雪があったが、平地では見られなかった。例のディーゼルエンジンの列車は、黒磯駅から新白河駅まで山間地を走るが、景色は茶を主にした枯野である。時が移ろい、めっきり緑が少なくなった。里山の秋を彩る黄色はすでにない。

一二時三八分、列車は定時に郡山駅に到着した。渡辺と駅の改札口で落ち合う時間は二時ちょうどで、まだ一時間二〇分以上はある。それまでに昼食を済ませ、取材する静かな場所を探すことにした。とりあえず、大通りに出る。駅から五、六分のところにある高層ビルのホテルを見つけ、一階に喫茶室がないかとホテルの中を覗き込んだら、静かな喫茶室があったので、ここで取材をすることに決めた。そのあと小さな食堂に入り、昼食をとっていると、携帯電話にメールが入った。ディスプレーを見ると渡辺紀夫からである。「郡山駅新幹線中央改札口の出口付近で（2階）でお待ちしています」とある。

わたしがまちがわないようにと渡辺がメールを寄こした。しかも約束の時間の三五分前で、わたしはひどく恐縮し、留守電にメッセージを入れ、ほうほうの体で、新幹線の改札口に向かった。この一件で、わたしは渡辺紀夫が気配りのある誠実な男性であることがわかった。わたしが待ち合わせ場所に行くと、すでにわたしがくるのを待っていた。講演の動画を見ているのですぐに渡辺であることがわかった。眼鏡をかけ、顎ひげをはやした体の大きな男である。

「家内もいっしょですが」

「大歓迎です。どうぞ、どうぞ」

予想しなかったことだが、奥さんがいることによって、話は広がっていく。願ってもないことである。

すぐに駅舎を出る。奥さんは白いモニタリングポストの前でマスクをつけて待っていた。長い黒髪の、童女の面影を残した女性である。名前は久仁子さんといい、彼女も動画に出てくる。どうやら、見た感じでは五〇代らしい。

モニタリングポストの現在の数値は、０・１２５マイクロシーベルトで、これをどう考えるかである。周辺は徹底的に除染されているので意味がない、と渡辺は取材のときにいった。そういわれるとそうである。

ホテルに到着し、喫茶室に入り、渡辺夫妻と向かい合う。客は少なく、静かである。

「まず体の具合は？」わたしが渡辺の顔を見てたずねた。

「ウッフフ。多分、そうかな、と思っていたんです」

渡辺は声を出して笑う。彼によれば、甲状腺がんの手術は二〇一五年の四月に行ったが、免疫力が落ちて七月に痔ろうになり、一年間で三回も入院した、というのだ。それで筋力が落ちてしまって、疲れやすい、という。甲状腺がんの手術をすれば、それで終わり、というわけではない。大越良二と同じように術後の試練が待っていた。

震災のときの体重は一〇三キロで、それでは手術ができない、と医師にいわれ、体重を一五キロほど落とし、手術にのぞみ、いまは九四キロだという。身長は一八三センチで、やはり、見上げるほどの大男である。

「ちょうど運悪く、ことしの夏にまた、手術をして。春から半月板が割れちゃって。夏休み中に手術をして、歩けなくなったので、さらに筋肉が落ちてしまった」

まさに踏んだり、蹴ったりである。渡辺が話を続ける。

「甲状腺がんを摘出し、云々というのはそんなにはないです。唯一、いえるのは左側を取り、嚢胞はいっぱいありますけど、右側は生きていて、ホルモンは出ているので薬をのまなくて済んでいたんですけど、二、三カ月前から、少しホルモンの低下が始まってきたのでチラーヂンを一日一錠のむようになったんですね。それで疲れるのか、筋力が落ちてそうなったのかわからないんです」

渡辺に気負いは一切感じられない。冷静で、淡々とし、大きな体に似合わず、小さな声で話す。わたしはときとしてかっとなり、感情的になることが多いが、渡辺にはそれがない。大人の風情が備わっている。その雰囲気から頼もしさを感じるのだ。

「甲状腺を半分取ったことで、違和感はないですか？」

「ないですね」

わたしの予想ははずれた。

「大越さんは、声が出づらくなった、とおっしゃっていますが」

「取ったのは筋肉に近いほうだったんじゃないですか、大越さんは。わたしは筋肉まで浸潤していなかったみたいで、一応、リンパの一部は取ったような感じですね。あんまりよくわかりませんが」

「甲状腺がんを摘出しているわけですが、渡辺さんは『週刊金曜日』の鼎談で、病名を『濾胞性乳頭がん』といっています。そこがちょっとわからないので説明してください」

「甲状腺がんという大きな枠があって、大雑把にいって、乳頭がん、濾胞がん、低分化がん、未分化がんの四種類が甲状腺がんにはあるんです。七、八割方が乳頭がんで、摘出すれば予後は特に問題がない、といわれています。当時、一般的に甲状腺がんは摘出すれば大丈夫といわれていたのはこの話からです。次に多いのが濾胞がんで、このがんは、肺とか筋肉に転移しやすい。予後、一〇年以内で、六〇％の確率で死亡。わたしの場合、最初、濾胞がんじゃないかっていわれたんですね。それで家内はショックを受けちゃった」

ところがそうではなかった。手術したあと主治医に問いつめると、「濾胞性乳頭がん」だという。転移しない乳頭がんなのか、転移する濾胞がんなのか、どっちだ、と渡辺は主治医にたずねる。予後はわからない、と主治医はいうのだ。これでは気が抜けない。生涯、がんと付き合っていかなくてはならない。渡辺の話が続く。

「福島で問題になっているのは、一〇％ぐらいの割合で、低分化がんと未分化がんがあって、そのうちのどちらなのか、記憶は曖昧なんですけど、二〇〇人近い子どもの甲状腺がんの中に三人が含まれている。低分化がんと未分化がんの診断が出ると、予後一〇年以内に九割以上の人が死亡。その後、三人はどうなっているのかわからない」

初めて聞く話で、甲状腺がんはやはり、恐ろしい病気である。決してあなどってはいけない。また、手術で終わりではない。しかも未来のある子どもが三人、悪性のがんになっている。

「その情報は、どこから入手したんでしょう」

「メディアですね」

久仁子が夫のがんが見つかるまでの経緯を話し始めた。久仁子は冷静な夫とはちがい、感情的に熱く語る。二人の性格は、まったくちがうようにわたしには見えた。

「うちの次男が、二〇一一年三月当時、一八歳ということで甲状腺検査の対象者だったので、県立医大から甲状腺エコー検査を受けるようにと通知がきていたんですけど、大学入試と重なって、それで県立医大に日時の変更を申し入れたんですけど、聞く耳を持たなくて、病院は日程が決まっていますから、その会場へきてくださいと。受験生の息子が、一生、オレは検査を受けないと。それからいろんなところを探して、民間のボランティアでやっているのを見つけて、二〇一三年七月、家族四人が甲状腺の検査を受けて。そのときは、子ども二人のために検査を受けたんですけど、運が悪く……」

久仁子が言葉をつまらせた。代わって夫の紀夫がいう。

「長男、次男、うちの家内は、極めてクリーンな甲状腺。『大丈夫ですねぇ〜』って医師がいって。最後に『お父さんやりましょう』って」

「ついでにやったみたいな感じなんです」と久仁子がいう。

紀夫が話し出した。

「『あれっ！　ある！』はっきりとドーンと写っちゃっている。そのときはウズラの卵ぐらい」

甲状腺の手術は、二年後に行われ、そのとき患部は卵大ぐらいの大きさになっていた。

「そのときの気持ちは？」

「いろいろ活動していたので、やっぱり見つかったかァ。それとはちょっとちがうんですけど」

そのときの気持ちは、うまく表現できないようだ。

「まさかじゃないんですね」

「まさかじゃないです」

「被曝量は半端でないことはわかっていたんで」と久仁子はいう。

当時、放射能に対して無知であった渡辺は、プルームが流れてきた三月一五日、雨の中を自転車で通勤し、そのあと軍手をつけて線量の極めて高い仕事場の側溝の清掃をやっている。また、事故直後、放射能を測定するために放射線量の高い福島県内を車で巡っている。家族の中で自分が一番放射能を吸い込んだはずだ、と渡辺はいう。

「大変なことになったわけですね」

「もう壮絶。ケンカはする……」と久仁子は答える。

「ケンカでした」と紀夫が思い出すように話した。

「どのようなケンカになったんですか？」

「主人はがんになったことを冷静に受け止め、自分を実験台にしたいみたいな感覚でとらえちゃって。検査も手術もペット検査も」

反原発集会で公開されたスカイプの映像を見ると、渡辺によって病室が撮影され、手術の経過が写真で克明に記録されていた。

「ペット検査ってわかります？」渡辺がたずねてきた。

「いや、わかりません」とわたしが答える。

放射性物質を注射によって体内に入れ、がんを確定する方法だ、と渡辺は解説する。

ここでペット検査について調べる。


放射線を組み込んだブドウ糖を体内に注射し、体外からその放射線が多く集まる部分を画像化することでがん細胞の位置を特定します。


とある。そしてメリットとして、レントゲンでは発見できなかったごく小さながんでも発見が可能になった、という。また、一回の検査でほぼ全身を調べることができる、というのだ。デメリットとしては、放射線で被曝し、早期の胃がんや泌尿器系のがんは発見しにくく、炎症と区別しづらいことがある、という。渡辺はこの恐ろしいペット検査を受けた。

「半減期二時間という放射性物質を入れたときは、大体、１０００から２０００マイクロシーベルトが、体内でパーと出るんです」

渡辺は線量計を胸にあて、放射線量を測定した写真をスカイプで公表している。

「首元の甲状腺のところが卵大に真っ赤になっていたんですよ。反対側はなっていなかったので、じゃァ、左側だけを取りましょうってことになったんです」

手術をするだけでも大変なのに、さらに放射性物質を体内に入れる検査方法に久仁子は強く反対した。

「止めてくれ、止めてくれと妻が泣きながらいっていた」と紀夫がいう。

「もう病院の中を追いかけて、恥も何もないですよ」と久仁子がいい、「検査の待合室で大喧嘩ですよ」と紀夫がいった。その光景が目に浮かぶ。夫への久仁子の愛情とわたしは思った。

渡辺がいう。

「乳頭がんだとそっくり取ればいいんですけど、濾胞がんや未分化がんや低分化がんの場合、転移している可能性があるんで、切除する場所を特定するためにペット検査は必要だ、と医者はいうんです」

ペット検査をしないと、とりあえずリンパまで切っておこう、ということになる、という。それで渡辺はペット検査を受けることにしたのだ。

「手術は大変でしたか？」

「そんなんではないですね。手術は二時間くらいで、寝ている間に終わっちゃいました。回復もそんなにかからなくて、一カ月ぐらい仕事を休んで、思ったほどではなかったですね。でも、子どもたちには恐怖感があったでしょうね。手術をするのは首ですから」

「大越さんも同じようなことをいっていました」

「一人で手術室へ行くというのは、どれだけ恐怖感があったかというのは、計り知れないですね。子どもにとって、それが心の傷になっていなければいいな、と思います」

体験者の渡辺がいう。東京電力がその原因をつくった。それを忘れてはならない。

渡辺は自分に当てはめてこういう。

「原発の事故前に甲状腺の検査をしていて異常なし、というのがあったら」

立証できる、というのだ。そうでなければ因果関係を裁判所に認めさせることはできない、という。水俣病と同じように因果関係を立証することは容易ではない、というのだ。それをわたしはやろうとしている。そして渡辺はこんなことをいった。

「ぎゃんぎゃん騒げば騒ぐほど、その人たちのガス抜きになる。国としてはぎゃんぎゃん騒いでほしい。原発は大丈夫だという人とそうじゃないという人と対立してもらったほうがいい。そしていまは原発の話をすること自体、疲れる。聞きたくもない。しゃべりたくない、という状態をつくろうと国はしているんではないか。県民にとって見ざる聞かざる言わざるのほうがはるかに楽ですから」

3・11の日

「3・11の日、渡辺さんは、どこで何をしていましたか?」

「仕事中です。卒業式が終わったあとでした」

「揺れはどれくらいでしたか？」

「……六強。わたしは四階建ての校舎の三階にいたんですよ。部活をやっていた生徒と補習を受けていた生徒が、大体、三〇〇人ぐらいいたんですけど、揺れが一分以上続いて、ひょいっと廊下を見たら、棟と棟をつなぐ通路がバキッと割れているんですよ。それを見て、恐怖を通り越して頭が真っ白ですよ。部屋にある物は全部倒れている。しばらくしたら、給水塔が破裂し、廊下が川になっている。何だろう、ＳＦ映画を観ているみたいな、そんな感じでした。一分ぐらいすぎてから、我に返ったんです。ちょうど防災訓練をやったあとだったので、生徒たちはバーッと自主的に校庭に逃げたんです。多くの先生がパニックになって、校内放送も流れない状態でした。わたしを含めた先生、二、三人だけが、『逃げろ！』ってみんなにいっていたんです。それで、逃げながら、トイレかどっかに人が挟まれていないかを見ながら逃げた、そういう状態だったですね。でも外に逃げたときには、棟がいまにもこちらに倒れてくるような状態で、世紀末かと思いました。立っていられなかったですね。それから、学校は山側なので雪がばあーっと雪崩のようにふってきたんですね」

ここでも天変地異が起きていた。それは関久雄が住んでいる二本松市だけではなかった。

渡辺によれば、積もった雪が地震で揺れ、雪崩のようになり、それが強い風で吹き飛ばされ、町全体が真っ白になった、という。そのときの状況は視界不良のホワイトアウトと同じである。気温が急激に下がり、校庭にいる生徒たちが凍死するのではないか、と渡辺は心配し、生徒たちをスクールバスの中に避難させた。

余震が続く中、教師によって決死隊がつくられ、校舎の中に入ると、ファンヒーターの石油が漏れて教室の中は石油のにおいで臭かった。コックを締め、教師たちは各教室を点検し、取り残された生徒や教職員がいないかを探したが、すでに全員が避難していた。

バスや電車といった交通機関がすべてストップし、どうやって生徒を帰宅させるか、その問題があった。学校はひとまず生徒たちを寮で待機させ、保護者に迎えにきてもらう措置をとった。

「翌日は教師だけで大掃除。それで、突然、『片付けは止めてください』という校内放送があって、全員集合となって、校長が『富岡から確かな情報で原発が危ないらしい。みなさん、学校の安全を確保したら、帰ってください』っていって、そのあと、じゃあって、校長はいって」

掃除は終わった。

「まだ原発が爆発する前ですね」とわたしが確認する。

「そうです。何だ、それって、同僚にいって、それで同僚と帰る途中、自衛隊の車両がガバガバやってきて、同僚と『えっ、何々』っていって、それで家に帰ったら、原発が爆発した、というニュースがあったんですよ。で、一三、一四日にいろいろ買い出しに行っている間に、三号機が危ないぞ、という噂が知人から流れ、えっ、そうなのっていったら、ドカーン。時すでに遅しなんですよ。ガソリンがないんですから、車で逃げることができないし」

と渡辺はいい、さらに話を続ける。

「郡山のガソリンスタンドは、ものすごい行列。車が並んでいる、その間にポリタンクを持って、一時間ぐらい並んで、お願いしますって店主にいったら、歩いてくる奴には危機感がないのでガソリンは売れねぇって」

　ここで久仁子がポツリという。

「県職員の家族とか行政に関係している職員の家族はすぐに逃げた」

「それはひどかったなァ」

　紀夫が思い出すようにいった。そして話を続ける。

「酒蓋《さかぶた》公園という、けっこう有名な線量の高い池があるんですけど、その周辺には外資系の会社に勤めている人とか、役所の人が住んでいて、原発が爆発して翌日か、二日目にはゴーストタウンになった」

「へぇ〜」

「ふつうの勤め人の家族が朝起きたら、近所の人がいない。近くに薫小学校っていう学校があるんですけど、児童がいきなり一〇〇人へっちゃった」

　飯舘村の伊藤延由がいっていたようなことが、ここ郡山市でも起きていた。

「郡山中通りの大半の人は、『えっ、人がいないんだけど』『えっ、これって逃げなくちゃいけないの』『逃げようにも、ガソリンないし』みたいな。列車は走っていない。高速道路は閉鎖。国道四号線は大渋滞。逃げるに逃げられない。原発の情報が入った人は翌日、逃げているんですよ。わたしたちの学校関係者の仲間たちも情報が入った人は、『いま、新潟』とかいって、『えっ、何で?』『危ないでしょう』みたいな。『じゃあ、どうしよう。ガソリンないし。逃げられないし。どうやって食っていこうか』。結局、ここに留まったんです」

と渡辺がいった。大変な騒動だが、このような話はこれまで聞いたことがない。

渡辺が話を変える。

「三月末には山下俊一のプロパガンダが始まって、『笑っていれば放射能は近づかない』とふざけたことをいって」

「何をしたほうがいいんですかって質問しても」と久仁子がいう。

「する必要はない。福島産の食べ物も食べて大丈夫といって。飯舘村のほうから講演会が始まって、中通りを南下してきたんですけど、わたしはエンジニアで、大学で研究助手をやっていたので、放射能は怖くないなんて信じられないじゃないですか。これは怪しい、と思って仲間に連絡して、それで山下俊一の包囲網ができて、郡山では山下を論破したんです」

論破された山下は、「ぼくは安全とはいっていない。安心してくださいといった」といい方を変えたというが、山下のいいたいことは変わっていない。安心できるなら、安全といえるではないか。

久仁子がいう。

「三月末、わたしもお母さんたちも荷物をまとめて逃げる態勢でいたんです。そのとき山下の話を」

紀夫が久仁子の話をつなぐ。

「地元ではかなり知名度のあるラジオ福島の大和田新《あらた》というアナウンサーが、山下の話を『はい、そうですよね。みんな信じましょう』っていっちゃったから、みんな安心しちゃった。だから逃げなかった」

郡山での驚くべき事実

久仁子が話を始める。彼女の話は二〇一三年九月、参議院議員会館での話で、厚生労働省の官僚二〇数人が市民会議（著者注　原発事故子ども・被災者支援法市民会議）のメンバーである久仁子の質問を待ち受ける、そんな情景である。

久仁子が当時を思い返して語った

「いま福島の子どもたちにしているホールボディカウンターとか、エコー検査とかの健康診断のカルテは残るんですか、と質問したら、それは集団検診なので残りません」

と答弁に立った厚生労働省の官僚が答えた、という。こんどは紀夫が話す。

「それは一番聞かれたくない質問だったんですね。診察行為の場合はカルテを残すんです。集団検診は診察ではないのでカルテは存在しない、というんです」

原発の事故による被曝をなかったことにするためには、証拠となるカルテは残せない。やはり、国は原発の事故はなかったことにしようとしている。そのことについては、なかなか確信が持てなかったが、取材を進めるにつれ、わたしは確信を持てるようになってきた。

紀夫がいう。

「第一回目のエコー検査で、本人にくるのはＡ１、Ａ２、Ｂ、Ｃという記号だけなんです。そんなものもらったって、理解できないですよね」

「それは初めて聞く話で、大変不親切じゃないですか」

「それで検査は、一分から二分で終わっちゃうんですよ。やっているのは検査技師なのでいくら質問しても無言。答えると、多分、県立医大からお叱りを受けるので一切答えない」

「県立医大の医師が、画像診断をするんじゃないですか」わたしがいった。

「そうです。技師が甲状腺を撮るでしょう。それを県立医大に送るんです。それを一〇人ぐらいの県立医大の医師が全部診て、これはA1、これはA2と判断する。それ以外の人は判断してはいけない。町医者とか、いろんな資格を持っている人がその画像を見て、これは大丈夫とか、A2レベルだとか、一切いっちゃいけない、と文書で緘口令が敷かれていた」

以前、私立のクリニックに対して県立医大が緘口令を敷いていた、という話に対して、わたしはそんなことが公立の病院にできるだろうか、と疑問に思っていた。そこで渡辺にたずねる。

「そういうことって、実際、可能なんですかね」

「可能です。県内でエコー検査をおおっぴらにやっている病院なんて、一つもないですよ。それをやったら、学会から勝手にやったと追放されちゃう」

久仁子が急に話を変えた。

「次男の同級生が目がかすむとかで眼科に通っていたんだけど、全然よくならなくて、結局、『震災ストレス』と病院にいわれて、病院から心療内科を紹介され、通っても全然よくならなくて、ある日、悪性の脳腫瘍がわかって、自宅で吐いて、それで、一回手術をして成功したけど、また、脳腫瘍が再発し、二〇一三年に亡くなったんです」

次男の同級生は、原発事故に由来すると思われる病気で亡くなっていた。わたしが聞いてみたいと思っていた話である。久仁子が話を続ける。

「あと家族で何人かバタバタ死んだとか、そういうのがあっても、ある日、パタッと封印しちゃうんですよ」

「裏付けとなる客観的なデータがないと、あくまでもニュアンスになるので、そういうのを話したり、書いたりすると、胡散《うさん》臭いといわれて、そこで話が終わってしまう」

夫が妻の話を解説した。原発が原因で病気になったことを証明するためには科学的なデータが必要だ、と渡辺はいう。夫に代わって久仁子が話す。

「福島県立医大の産科にいる看護婦さんが死産とか、いろんな奇形児が生まれて、奇形児にかかわっているうちに自分の精神状態がおかしくなって、西日本に避難した人がいるんです」

わたしがたずねないのに久仁子はいった。奇形児の話はいろいろな人からたびたび出てきた。表沙汰にはなっていないが、被曝地では深刻な事態になっている、といっていい。

わたしがたずねる。

「がんになったことは、生徒にお話しになっていますか？」

「全員にいったわけではなく、自分のクラスとか、授業をとっている生徒にはがんが見つかったので、いまこういう検査をしているとか、入院するからとか、手術してとりました、とふつうの会話としてさらっと」

いかにも冷静な渡辺らしい話し方で、脚色はしない、という。

「生徒の反応は、どうでしたか？」

「事故後の二〇一三年、一四年頃は女の子のクラスを担当していたんですが、やっぱり、怖い、というイメージがありましたね。最近の子はあっけらかんとしていて、原発のことを子どもとしゃべる機会はへりました」

いまの生徒は真剣に原発の事故の話を聞かない、という。その理由を紀夫はこういう。

「事故当時、小学生の子がいまは高校生じゃないですか。知っているわけがないでしょう。むずかしい専門用語なんかわからないです」

実際はそんなことかも知れない。親もいちいち子どもに説明はしなかった、と紀夫はいう。親としても原発の話はむずかしいのでうまく子どもに話せない、ということもある。久仁子によれば、何となく親と県外へ行った記憶しか子どもにはない、というのだ。

それだけではない。学校では原発事故の話はしないようになっていた。そのことについて渡辺がこういう。

「公立高校では通達が出て、認められた人以外、放射能のことが書かれた副読本についてしゃべるのはダメだとなったんです。だから公立の先生は、しゃべらないですよ。私立の先生でも、ほとんどしゃべらないです。私立では風評被害になり、入学者がへるからしゃべるのは止めてくれと」

さらに渡辺によれば県立医大から各高校に宛てて、二人に一人はがんになる、と書かれたチラシが配布された、という。なぜ、そうしたか、というと原発の事故によってがんになることを隠蔽するため、と解釈することができる。

福島県はそのような教育状況があったが、親は仕事があって避難できなかったので自分の判断で県外に避難した一六歳の女子高校生がいた。

「福島は危ないから逃げますっていって、自分で県外の学校を探して、自分で転校の手続きをして、中学生になる弟を連れて避難したんです」

そのような高校生が日本にいた。特筆すべきことで、わたしはその行動を褒めてやりたい。希望を捨ててはいけない。そういう若者が日本にいるのだ。

「集会のスカイプでお勤めになっている高校で生徒さんが甲状腺がんになった、と渡辺さんはお話になっていますが」

「実際には三人ですね。自分の事例を話していたら、『先生、実は切りました』とか、あとはわたしが管轄している生徒の中に、テープを首に貼っていた子どもがいたんですよ。どうしたのっていったら、『切りました』と。二〇一三年から二〇一四年にかけて、一年で一人ずつ出たんです。四人目は卒業生。男の子で、いまは二七歳ですけど、実際、ぼくも切りましたと。自分の学校から四人出たという事実」

ここで久仁子が口を開く。

「二〇一三年にまず郡山の高校生が甲状腺がんになったんだという話が出たときには『えーっ！』と思った」

久仁子はそのとき自分の子どものことが頭に浮かんだ。

渡辺がいう。

「実際に当時、郡山で五七人が甲状腺がんで確定していて、そのうちの三人が出てしまった。一体、郡山はどうなっているのか、という話ですよね」

渡辺紀夫からの提案

渡辺が妻といっしょにわたしの取材を受けたのは、甲状腺がんの話だけでなく、甲状腺機能障害についても知ってもらいたいからだ、という。

「調べてみますと、バセドウ病も放射能によるとされていますが、医者はどんなことをいっているんですか」

「いわないですよ」と久仁子がいう。

「いわないです。真面目な医者はわからない、といいます。通達を真面目に聞いている医者は、『ない』といいますね」

夫が付け加える。

そして渡辺がこういう。だるい、疲れる、といった症状に対して医師は、精神疾患やうつ病と診断しているが、実は甲状腺機能障害の可能性がある、という。それを知るためには甲状腺の血液検査をやるべきだ、と渡辺は提案する。これは初めて聞く話である。具体的にいうと、子どもの場合、小学校へ入学する際の就学時検診のときに、大人であれば職場での定期検診のときにやればいい、という。検査費用は三〇〇〇円ぐらいだという。

渡辺がいう。

「役所は莫大なお金がかかるエコー検査ばっかりやって、エコー検査で見つかったら、ちょっと遅いですよね。甲状腺の血液検査をやれば、他県と比較できるじゃないですか」

なるほど早期に甲状腺機能障害の発見ができ、さらに被曝の実態がわかる、という。

渡辺の話が続く。

「甲状腺がんが人を殺すんじゃなくて、転移して、多臓器不全（著者注　生命維持に不可欠な脳、心臓、肝臓、腎臓などの臓器のうち二臓器が正常に機能しなくなった状態）で死んじゃうんです。だから、病名は多臓器不全。二人に一人はがんで死にます、といっているけど、がんで死んだという診断書が下りる人はほとんどいないんです。わたしは甲状腺を摘出し、生きているので、お医者さんに『がん』と書いてください、と頼んだ。良性腫瘍みたいなことを書かれたら、がん保険はおりないんですよ」

保険については考えてもみなかった。渡辺は子どももがん保険に入ったほうがいい、という。

「例えば、あなたはＣ判定で、がんを取れば大丈夫ですよっていわれて、県立医大で摘出するじゃないですか。そのあとがん保険に入れるかといったら、入れないですよね。それを誰も口にしないでしょう」

これからの治療費のことを考えたら、がん保険に入ったほうがいい。

「かけ損にならないようにするには、いつがん保険に入ったらいいんでしょう？」

「Ａ２判定が出たら、入ったほうがいいんじゃないですか」

と渡辺はいい、こういって話を締めくくった。

「国にはがんを見つけてしまった責任がある。原発の事故であろうがなかろうが、スクリーニング効果といおうが、いうまいが、国には将来を担う子どもたちを守る義務があるんです」

わたしがその話に大きく頷いた。

市井のエンジニア

渡辺紀夫がすごいのは、自らが線量計をつくっていたことである。現在でもインターネットを使ってアマゾンで買うことができ、製品名は「ガイガーFUKUSHIMA」である。値段は一万八八〇〇円で、アイホーン接続型になると、九八〇〇円で買うことができる。その話になる前に、どうして渡辺が放射能の問題にかかわったのかについて話をしなくてはならない。

それは富岡町と川内村の人たちが郡山にある展示会場の「ビックパレットふくしま」に避難し、渡辺夫妻が避難者の子どもたちの世話をすることから原発とのかかわりが始まる。高校の教師で、科学のことがわかることから、渡辺紀夫は避難してきた人たちから住んでいたところへ、帰れるか、どうかをたずねられ、急遽、放射能のことを猛勉強し、被曝地の放射線量の測定を始めた、というのだ。

「富岡町の人には帰れないよ、と川内村の人には何とか除染すれば帰れると思う、とちょこっと話をしただけですけど」

渡辺が控えめに話す。話を線量計に戻す。

「一般の人が、一〇〇万円近い線量計を買えるわけがないじゃないですか。自分はエンジニアなので、じゃァ、つくっちゃえって」

渡辺はあっけらかんという。

「それはすごいですね！」

大学では四年間、電子工学のエンジニアの研究員で、電子回路をつくるのはお手の物だった、と渡辺はいう。

「それで妨害もすごかったんですよ」

「どんな妨害があったんですか？」

「安く売るな、といった脅迫電話や何でそんなに安いのかっていう電話がありました。県内でも大手企業が作っていたんですが、やっぱり、高いんですよ」

渡辺は高校で情報処理の授業を担当していたが、授業以外に就職相談の仕事もやっていた。渡辺がその当時のことを語る。

「仕事がなければ、求人なんかないじゃないですか。その頃はまだ就職氷河期が尾を引いていた時代で、やっと脱出できるかな、というときに原発がドカンといったんです。海外へ輸出しようと思っても、福島県でつくられた製品は、放射能で汚染されているから、取引停止なんです。就職したくても就職できない。それで、社長に仕事を見つけたら、生徒を採用してくれますかっていって、そんなノリで」

線量計の設計を始めた、というのだ。線量計をつくることによって、パンフレット、製品の箱、プラスチックのケースなどが必要となり、それらを県内にある中小企業に発注し、仕事づくりをやり、結局、半年で六〇〇〇台が売れた。安い線量計が売り出されたことにより、高い値段の線量計のメーカーは値下げせざるを得なくなり、現在の価格になった、という。

「原子力ムラなんていうのが噂されていたので、刺されるんじゃないかとか、放火されるんじゃないかとかを」

恐れた、という。

渡辺は自分を守るために議員や自治体の首長と親しくしてきた、というのだ。それは二〇一一年の夏の頃で、渡辺は多忙を極めた。渡辺が当時を思い返す。

「学校の仕事をしながらですから。五時以降は会社へ通って製造なんです。二四時間働くというよりは、四八時間働くといった状態ですね」

久仁子がいった。

「製品化はほとんどこの人がやったんです」

二〇一一年の五月から始め、九月に完成し、一一月に販売を開始した。しかもほかの企業（エステー）が作っている線量計の売り上げが目標に達するまでは販売しなかった、という。それと自分と同じような志を持った、線量計をつくるグループが県外にいた、という。

「わたしのほうは、中小企業を守るために、ある程度利益を出すようにする。片方は、一切利益を求めない完全なボランティアなんです。それでいっしょに線量の測定を始めるようになったんです」

測定方法を決め、同じ線量計を使い、世界各国のボランティアとはかって世界中の放射能の測定を始めることになる。できたのが放射線マップである。ＩＥＡ（国際エネルギー機関）が市民科学として民間でやっているデータとしては有意義である、といったコメントをもらった、というのだ。開発した線量計で利益を出すためには三〇〇〇台がとんとんで、六〇〇〇台を売ると、何百万かの利益が出るので、その利益で「ベクレルモニター」や水中の放射線量を測定する「水中モニタリングポスト」をつくる予定でいた、という。さらに放射能除去装置もつくろうとしていた。こうなると驚くばかりである。

「実用試験までやって九九・九％が除去可能になっていたんです。まだ『アルプス』が稼働する前なんです。中小企業をうまく使って、低費用でつくれるようにして市や県に起案したんですけど、ダメでした。高校教師が企画書を持って行ったって話にならないわけです。唯一、食いついてきたのは、アラビア語と英語で二四時間ニュースを放送している衛星テレビ局のアルジャジーラで『おまえらクレージーか』と報じられた、というのだ。

「そしてどうなりましたか？」

「販売直後に仲間に裏切られて、仲間からはずされました」

「そのことで人間不信になった、ということですか」

「この人、自殺しようとしたんです」久仁子が打ち明けた。そしてこういう。

「本当に全力疾走で二〇一一年はすぎていった」

病気になったこともあって以後、開発から手を引く。紀夫がいう。

「自分は全部やり尽くしたので、いつでもフェイドアウトしてもいい」

妻の久仁子がいう。

「この知識を生かしてほしいと思っています」

次男のつぶやき

最後に渡辺夫妻の子どもたちについて書くことにしよう。原発の事故後、長男は栃木県に避難させたが、次男は郡山の自宅に留まった。

久仁子がいう。

「高校二年生の次男を連れて県外へ避難させようとしたんです。次男は高校だけは出るといって、あとはどっかへ行くからといっていたんですけど。もし、娘だったら、もう抱きかかえ、引きずり出してでも避難させた、と思いますよ」

次男は高校三年生のとき、短期留学で海外へ、そして北海道の大学に進学し、卒業したという。

長男は父親と同じようにボランティアで放射能の測定をやっている、というのだ。

「何の因果か、長男は南相馬にいるんですよ」紀夫が苦笑いをする。長男は地方紙の新聞記者になった、という。

「あそこは線量が高いですよね。なぜ、新聞記者になったのでしょう」

「たまたまと思いますが、何の因果でしょうか」

一方、海外が嫌いだといっていた次男は、いまアフリカへボランティアで行っている、という。

次男は二〇一三年、ＮＰＯ法人が実施したエコー検査で小さな結節が見つかり、Ａ２ぐらいだといわれ、そんなことからアフリカへ行く直前、県立医大で甲状腺の検査をやった。久仁子によれば、全然異常がない、といわれたという。それでも次男は心配なようで「自分が高校二年生のとき一年間だけここに留まったからかなァ」と父親にいったという。

そして久仁子がこういう。

「お母さんがいっしょに避難しようといっても避難しなかったことがあるけど、もし、オレが結婚して自分の子どもや孫に何か発病したら、一年間、家にいたことをもしかすると後悔するかも知れない、とぼそっとつぶやいたんです」

◉第九章――最終章へ向けて

公表できない理由

年が明けて二〇一九年になった。ことしの冬は暖冬の傾向、といわれていたが、北海道や日本海側の地域には相当量の雪がふり、冬らしい冬である。しかし、世界では相変わらず異常気象が続いている。ロシアのオイミャコンでは観測史上、最低気温となるマイナス六三℃を記録、中東のレバノンでは雪がふった。その一方、オーストラリアのティブーブッラ空港では四八・三℃を記録。地球が急速におかしくなっている。その原因が原発の事故と同じ人為であれば、早急に手を打たなければならない。全世界で経済を縮小するのだ。

東京電力福島第一原子力発電所が放射能漏れの事故を起こし、まもなく八年目になるが、廃炉作業は進んでいない。そして原発事故に関するマスメディアの報道は、さらに少なくなった。被曝地では原発に由来すると思われる病気が増加し、深刻な事態に陥っているのに、あの過酷な原発の事故は忘れられようとしている。

一月五日、大越良二からメールがあった。この原稿を書くきっかけとなった松戸市に住んでいる甲状腺がんの子どもと母親に会いたい、というのだ。福島市で会ったときにも松戸へ行きたい、といっていた。大越は母親と子どもに会って、取材し、『ふぁーむ庄野』に記事をのせたい、というのだ。わたしもこの原稿の最後は、小児甲状腺がんの患者を取材し、それで終わりにしたい、と思っているので、いっしょに取材をやろう、と大越には電話でいっていた。すぐに母親の友人である松戸市議の増田薫にその旨を電話で伝え、これまで書いた原稿をメールで送った。わたしがそうしたのは、増田を取材した部分にまちがいがないかを見てもらうためと、増田の娘が市の甲状腺エコー検査でＢ判定が出て、二人の医師に診察してもらった結果、甲状腺がんではないことがわかった。もし、娘が甲状腺がんになったら、それを公表するか、どうかを彼女から聞いてみたかったからだ。

すぐに増田からメールがきて、母親は公表したくない、といい、わたしが彼女について語った部分は削除してほしい、といってきたので、わたしはすぐに削除し、そのことを原稿に書いた。読んでのとおりである。そして増田は一月一四日、母親に会うというので、わたしも同席したい、と伝え、二人が話し合い、松戸駅前のガストで四時に会うこととなった。わたしの目的はなぜ、母親が公表することを拒んだかをたずねるためである。

わたしはそのことを大越に電話で伝えた。大越は松戸へ行く、といっていたが、母親は公表を拒んでいるので取材はできない、その代わり、その様子を伝える、といって電話を切った。大越は残念そうな口ぶりであったので、やはり松戸へきたかったようだ。それにしても大越の執念はすごい。しかも病気を抱えて活動している。

母親と増田は五分遅れで店内に入ってきた。いつものように簡単な挨拶をしてすぐに取材となった。わたしは加齢により、話を聴いてもすぐに忘れるのでテープレコーダーを使いたい、と申し入れ、彼女は了承してくれた。公表を拒んでいるだけにそれは意外だった。

わたしはテープレコーダーのスイッチを入れたが、不安があった。その日は成人の日の祭日で、店内は家族連れで賑わい、うるさくて相手の声が聞こえない。静かな喫茶店に変更すればよかった。このあとのテープ起こしが思いやられる。

わたしが切り出す。

「簡単な質問です。わたしは住所だとか、氏名だとか、性別を伏せて書いたんです。それでも公表できない理由をお聞かせください」

「お聞きしますけど、増田さんも当事者になったときに、自分の子どものことを公表します？　名前も住所も」

母親は増田がわたしに話したことを快く思っていないので、わたしではなく、増田に向かっていった、と思われる。

「いま聞いているのは、名前も住所も伏せて書いたんだけど」

と増田が戸惑った表情でいう。答えにはなっていない。二人の間が気まずい雰囲気になった。

「それを何で公表できないかってことでしょう？」母親がいう。

「そうです！」とわたしが大きな声で答えた。

「増田さんが、当事者になったら？」

「そのことについては、あとから増田さんにお聞きする予定でいます」

こういってわたしはその場を収めた。

ここまではどうにか聞こえたが、母親の声があたりの騒音に負けて聞こえてこない。もしかしたら、テープレコーダーが彼女の言葉を拾っているかも知れないと期待して、家で聞いてみたが、やはり、聞き取れない部分が多くあった。しかし、話の途中で、わたしが何度も聞き返したので、彼女は大きな声で話すようになり、ようやく、聞き取れるようになった。わたしが増田にたずねる。

「娘さんは、市のエコー検査でＢ判定になって、そのあと二人のお医者さんに診てもらったわけですが、もし、娘さんが甲状腺がんと診断されたら、公表しますか？」

わたしはこれだけを聴くためにここにきた。

「それはしないだろうね。わたしだけの一存では決められないけども、夫に聞いたら、子どもの将来を考えて絶対に公表はダメって」

市議で反原発の立場をとっている増田ですら公表しない、というのだ。

「わたし、感情的になっちゃったんですけど、やはり、同じなんですね。正直にいって、国に対していいたいですよ。だけど、いえないという苦しさがあって」

母親が苦しい胸のうちを増田とわたしに打ち明けた。

「でも、被害者が声を上げなかったら、被曝の事実はなかったことにされるでしょう」

できれば被害者が声を上げてほしい、とわたしは願っている。大越もそう考えていた。だから、大越は率先して名乗りをあげた。そして懸命になって仲間を募っている。

「それは親として、わたしはそう思っていましたよ。だけど、声を上げるのは子どもだから。その子がそれを望んでいないのに、わたしが声を上げることはできない」

わたしは頷き、こういった。

「それなら、子どもが声を上げるといえば」

「いえば、それは応援する。いろんな人とつながって、みんなでうちの子を守ってください、いっしょに声を上げてください、ということはする。でも、それもいいましたよ、子どもにどうするって。けれど、イヤって」

子どもは子どもでいろいろ考え、そのように判断したにちがいない。

母親の話が続く。

「日本の国というのは、自分で自分を守らなければいけない国だから、子どもは希望も未来もないんです。目は海外に向いているんです」

親の目からすると、子どもはクールに日本を見ている、というのだ。そして、その心理的背景を母親はこう語る。

「一〇代の子どもが、がんを告知されたんです」

「う〜ん」わたしが唸る。そういうことだ。

「子どもはよく耐えたと思う。それで気丈にふるまうんです。そうするのは親を思ってのことなんです。泣いてもいいんだよっていったら、お母さんも泣くでしょうって。だから、わたし、どんなことがあっても、子どもを守ろうという気になるわけです」

テレビのワイドショーで、レイプされた女の子がごめんなさい、といわされるような日本の社会では声を上げられない、と母親はいう。子どものことを公表すれば子どもが傷つく、というのだ。確かに福島では原発の話をするだけで、風評被害になるといってタブーになっている。母親のいうことはよくわかった。

それなら、どのような条件を満たせば、公表できるのだろう。まずは被害者本人の承諾は必要であろう。これも母親がいっていることだが、被害者を支える人たちが被害者の周辺にいて、公表できる社会的環境ができていることも条件となる。このような条件となるとなかなか公表はむずかしい。被害者の人権を最優先にして、被害者の声を届ける方法を考えなくてはならない。

最後に母親はこういう。

「いつかは声を上げなくてはならない、と思っています。だけど、それはいまなのかなァって」

東京新聞のスクープ

一月二八日付の東京新聞朝刊が山下俊一のことでスクープ記事を書いた。見出しは、震災後「放射線 ニコニコしている人には影響ない」／「深刻な可能性」見解記録／山下・長崎大教授となっていて、リードは次のようになっている。

東京電力福島第一原発事故の直後、福島県放射線健康リスク管理アドバイザーの山下俊一・長崎大教授が子どもの甲状腺被ばくについて「深刻な可能性がある」との見解を示したと、国の研究機関「放射線医学総合研究所」（放医研、千葉市）の文書に記されていたことが分かった。国の現地派遣要員らが集う「オフサイトセンター（ＯＦＣ）」にいた放医研職員の保田浩志氏が書き残していた。

次に本文の重要な箇所を引用する。

本紙は保田氏の記録の写しを情報開示請求で入手した。それによると「長崎大の山下俊一教授がＯＦＣに来られ、総括班長（経産省）＆立崎班長とともに話をうかがいました。山下先生も小児の甲状腺被ばくは深刻なレベルに達する可能性があるとの見解です」と記されていた。（著者注　一面の記事では「……見解です」となっているが、同日付の「こちら特報部」では「可能性があり、それを防ぐための早急な対策が必要との見解です」とある）

まさに山下俊一のいうとおりになった。二〇一八年一二月一四日のアワープラネットＴＶによれば、県による医療交付を受けた「（二二三人）すべてが甲状腺がんで、そのうち手術を受けたのは八二名」と県民健康調査の課長、鈴木陽一が県議会で答弁している。がんの疑いではなくて、甲状腺がんの患者が二三三人出たのだ、渡辺紀夫が勤める郡山市のある高校では卒業生を含めて四人が小児甲状腺がんだった。

放射能は怖くない、と福島県内でいってまわっていた甲状腺がんの権威、山下俊一は、専門知識を有する経産省の官僚や放医研の職員に対しては、深刻なレベルに達する可能性があり、対策の必要性がある、と説いていた。この記事はスクープで、反原発の運動をする人たちにとっては反撃の大きな材料になる。

「ニコニコしている人に放射線の影響はない」といったことに対して、山下は「講演は福島市民への説明。新たな爆発も起きておらず、原発から離れた福島市で深刻な状況は想定されなかった」と東京新聞の記者に弁明している。そうではない。動画によれば、講演は二〇一一年三月二一日午後二時、福島市にある「福島テレサ」で開催され、問題発言は講演が始まって四五分三〇秒後である。一号機は三月一二日に爆発し、三号機は一四日に爆発し、翌日の一五日には二号機で爆発音がし、そして四号機が爆発した。一号機、二号機、三号機はいずれもメルトダウンしている。チェルノブイリ原子炉事故による甲状腺がんの患者を診察した山下俊一は、原発の事故後どうなるかはわかっていたはずだ。だからこそ、三月二一日、講演を前にして、山下はオフサイトセンターにやってきて、小児甲状腺が増える可能性とその対策を経産省の官僚と放医研の職員に話していたのだ。それなら、そのことを県民に向かっていうべきだが、それ以後も、いっていない。学者として放射能は危険だというのであれば、いまでも遅くはない。それをいえばいい。なぜ、いえないのか、それが問題である。

それに関連する記述が「こちら特報部」にあった。

情報開示請求で県立医大の文書を手に入れた。「ニコニコ」発言の前日、一一年三月二十日にあった内部会合の議事概要だ。「県民への広報、情報発信について」で山下氏の名が挙がり、「心配ない旨を話していただく」とあった。医大に頼まれて安心を強調したのか。山下氏は、取材では否定したが……。

山下を裏で操っているのは県なのか、それとも国なのか、だが、そんなことはどうでもいい。あのようなバカなことをいえば、当然、山下は恥をかくわけだから、それなりの見返りはあったはずだ。わたしにはそう思えてならない。

人によって言説を変える人を人は「御用学者」と呼ぶ。まさに山下はそれである。また、非科学的な言説を信じるほうも信じるほうである。よりよい社会にするためには、一定程度の知識が市民に要求される。そうでないとファシズムの社会になってしまう。市民は賢明でなければならない。

プロの写真家

福島県三春町に飛田晋秀という、わたしよりも二歳年下の写真家がいる。主に職人の仕事ぶりを撮ってきた、と聞いている。彼のことは佐藤八郎の話にも出てくるし、わたしは郡山駅前の居酒屋で、名刺交換をしている。飛田は原発事故により被災した大熊町、双葉町、南相馬市、飯舘村、葛尾村などの現状をキャメラに収め、彼の写真展が日本の各地で開催されてきた。そして間もなく旬報社から写真集が出る、と飛田は酒席で話していた。

この間の取材で、何人かの人から飛田は被曝した若い女性を撮ろうとしている、と聞いている。先ほどの母親のように被曝した子どもが誰であるかを特定できないように書いても公表してくれるな、といわれるぐらいだから、果たして飛田は若い女性の写真が撮れたのだろうか。わたしは聞いてみたくなり、二月一日、飛田に電話をかけた。まず写真集が出たか、とたずねると今月の二六日に発売されるという。写真集のタイトルは『福島の記憶 3・11で止まった町』だという。

わたしがまず若い女性を撮ったか、とたずねると飛田晋秀はこう答える。

「一時帰宅して、腕とか足が真っ赤に腫れたとか、そういう人は撮っていますけど、若い人はなかなか撮れないですよね」

やっぱり撮れなかった。文章でも大変なのだから、写真となるともっと大変である。

飛田が写真に撮った二人とも六〇代だという。彼らは通院していたが、病気の原因はつかめなかった、という。線量の高いところへ行くと腕とか足が真っ赤に腫れ、四、五日すぎると消える、という。

被曝した人がなぜ、公表しないかについて飛田はこういった。

「医大で手術すると、余計なことをしゃべるな、と。しゃべれば結婚できなくなるとか、就職がむずかしくなるとか、しゃべらないほうがいいって、いわれていたんですよ」

「その話はどこで聞いたんでしょう?」

「取材先で本人の親から聞きました」

「取材して思ったんですが、ビクビクしている人が多いんですよ」

「本当にそうなんです。みんなビクビクしているんです。子ども甲状腺がんでも、A判定までだったら、みなさんは話すんですよ。ところがB判定になったら、どこへ行ったかわからなくなるんですよ」

「身を隠すわけですか?」

「そうなんですね」

誰にもいわないで、こっそりと仮設住宅を出て行く、という。これにはびっくりした。

国や県が病気の原因を認めようとしないのは水俣病と同じだ、と飛田はいう。確かにそうだが、あの当時に比べて、社会環境はいまのほうがずっと悪い。あのときは学生運動があったが、いまはない。市民運動や労働運動もあったが、これもない。これまでわたしの取材を受けてくれた人にしても、かつて市民運動や労働運動をやってきた人が多い。年齢も五〇代以上である。一時期、反原発の運動が盛り上がったときには、小さな子を抱えたママさんたちが運動に参加していたが、いまはめっきり少なくなってきている。そのようなことから自由に物がいえる雰囲気が日本の社会になくなってきている。職場や知り合いの間で差し障りのない話しかしない。冗談でなく、オリンピック反対なんていったら、それこそ多くの人から非国民扱いにされる。日本はそんな社会なのだ。

水俣病の患者を撮った写真家、ユージン・スミスの妻、アイリーン・美緒子・スミスが水俣と福島に共通する10の手口というものを示した。興味深いことが列挙されているので紹介したい。

1　誰も責任を取らない／縦割り組織を利用する
2　被害者や世論を混乱させ「賛否両論」に持ち込む
3　被害者同士を対立させる
4　データをとらない／証拠を残さない
5　ひたすら時間稼ぎをする
6　被害を過少評価するような調査をする
7　被害者を疲弊させ、あきらめさせる
8　認定制度を作り、被害者数を絞り込む
9　海外に情報を発信しない
10　御用学者を呼び、国際会議を開く

見事な分析である。反原発の運動をやっている人たちは大きく頷いたにちがいない。8以外を除き、ほとんどがやられた。被曝者が増え、声を上げて抗議をするようになれば国は認定制度をつくるかも知れない。

話を戻す。

「わたしはレセプトから原発に由来する病気が増えた、と思っているんですが、飛田さんはどう思いますか？」

「わたし自身も一時、目が腫れちゃってね。これは現地に入りすぎたと思っているんですけど」

撮影は二〇一一年四月から始め、翌年の三月一八日、福島第一原発の近くに入り、そのとき、ガイガーカウンターの針が振り切れた、という。のちに検査すると、被曝線量は毎時46マイクロシーベルトもあった、というのだ。

「どのような症状でしょうか？」

「目が痛痒《がゆ》かったんですよね。それで夜になったら、ぷっと腫れちゃって。いの一番に地元の眼科へ行ったら、ああ、これはうちではとてもじゃないけどできないから、紹介状を書きますから、すぐに病院へ行ってくださいといって、そして行ったら、すぐに入院してくださいと」

飛田は半月、入院したという。

「最初は耳鼻科の先生が調べたら、膿ではなく、問題は血液だったので、すぐに内科の先生に代わって、病室も代わったんです。それで点滴をずっとやって。白血球の数はふつう六五〇〇くらいなんですけど、わたしは六万五〇〇〇ぐらいまであったんです」

わたしは白血球の数について調べた。基準範囲は三三〇〇から八五〇〇で、「要注意」は八六〇〇から八九〇〇で、九〇〇〇以上は「異常」ということになる。六万五〇〇〇もあったというのだから、途方もない数値である。素人判断だが、白血球の数が異常に多い、というのは被曝によるものではないのか。

「それで原因は何ですかって、聞いたらわからないって」

「う〜ん」わたしが唸った。

「それはいつ頃の話になりますか？」

「えぇっと、二〇一六年だと思いましたが」

症状が現れたのは原発の事故から五年が経過していた。チェルノブイリでもそうだが、すぐに病気が現れる、というのではなさそうだ。

飛田は三春町に住んでいるので地理的区分は中通りということになる。

「被曝した人は原発が近くにある浜通りのほうが多い、と思っていたんですが、ちがうようですね」

「ちがいますよ。全県です」

「みなさんから話を聞いてみますと、郡山あたりがかなりひどいようですね」

「本宮市と二本松市なんです。甲状腺がんでも人口比率からいくと高いんです」

理由はこうなる。原発から二〇キロ以内にある五十人山にぶつかった放射性物質の一部は降下し、それを越えた物質は蔵王連峰、吾妻山、磐梯山、安達太良山、那須連峰にぶつかり、中通りの福島市から白河市までを汚染した、という。それは事故前の勉強会で予想していた、というのだ。

わたしが話を変える。

「若い患者さんで、自分の言葉で話せるような人がいないかなァと思っているんです」

わたしがこれからやろうとしていることを話した。

「なかなか話しませんね。そっとしてください、というのが関の山ですよ。ですから、一人、二人が表に出てくれば、ぱーと出てくると思うんですよ。根気よくやっていかないとむずかしいと思っているんです」

長い電話になった。わたしは飛田に礼をいう。


夜が明けたのは、ちょうど六時、茨城県南部にある常磐線の藤代駅に到着したときだった。わたしはキャメラマンの飛田晋秀に会うために磐越東線の三春駅へ向かっている。二月二六日、写真集が発売され、それをもとに取材するためである。

三月七日、五時一七分、北小金駅を出発、三春駅には一〇時三分に到着する予定だったが途中、電車の警笛が故障し、一一時三一分に到着、予定よりも一時間半も遅れた。

三春駅は高台と高台の間にある小さな駅で、駅舎には地元でとれた農産物の直売所と食堂が併設され、近くには老人のための健康サロンがつくられている。江戸時代、三春町は秋田家五万石の城下町として栄え、町の中には寺院が多い。樹齢千年といわれている滝桜も有名だが、先進的な小学校教育をしてきた町としても広く知られている。また、自由民権運動の発祥地でもある。それと甲状腺被曝を防ぐため、安定ヨウ素剤を備蓄していた自治体としても知られ、原発の事故後、町民に配布された。飛田晋秀はそんな町で生まれ育った。

彼は写真集で日本の職人さんの撮影をするプロキャメラマンと自己紹介をしている。そこでわたしは想像する。それで食えたのか、ということである。おそらく、三春町の町中で写真館を営み、その傍ら、三春町の職人を撮ってきたのではないか、とわたしは勝手に想像した。

いま三春駅に着いた、と飛田に電話をすると、すぐに車で迎えにきてくれた。車は駅をあとにすると、高台のほうへ向かって走り、数分で彼の自宅に着いた。そこは高台にある新興住宅地で、わたしの予想は外れた。

わたしは居間に案内され、炬燵を挟んで向かい合った。わたしが切り出す。

「飛田さんは大変な仕事をされたと思うんですが、前に職人さんの写真集を」

「その本は見たことがないですか」

「ないです」

「そうですか」と飛田はいって、立ち上がり、居間を出て行った。わたしは彼からその本をここで買う予定でやってきた。すぐに飛田は写真集を手に戻ってきた。わたしは数枚の写真を見て「ああ～！」と感嘆の声を上げ、目を奪われた。すごいのだ。

「全部、シロクロで」と飛田晋秀はいう。

優れた芸術作品は見た瞬間に見た人の心を打つ。その理由はない。見る側の感性が作品の評価を決める。『三春の職人』はそれだった。写真の質感は多くの傑作を世に残したリアリズム写真の巨匠、土門拳と同じである。だから、飛田はすぐにそれをわたしに見せた。

自宅で改めて写真集を見る。

物づくりに精魂込めている職人の気迫と凛とした表情が、モノクロームの写真で記録されている。鍛冶職人、菓子職人、建具職人、味噌職人、靴職人などの顔が一人ひとり、克明に記録され、神々しくさえ見える。それでいて自然体で写っているのだ。写真を見て、子どもが親を見直したり、写真集が一家の宝になったかも知れない。それほどのものである。

飛田によれば、モノクロームの写真はアマチュア時代からで、職人の仕事場は乱雑で、どうしても読者の目がそこへ行くのでシロクロで隠す、というのだ。

「亡くなった職人さんもいるから、写真展をやったらといわれ、それでやったんですよ。マスコミがずいぶんきまして、こういう写真は見たことがない、といわれまして。それがきっかけで写真家になったようなものです。わたしはその頃、歯科の技工士をやっていたんですよ」

飛田はプロの写真家になり、それを機に名前を昭司から晋秀に改名している。『三春の職人』が発行されたのは一九九九年で、飛田は五二歳のときに歯科技工士の仕事をやめて、プロのキャメラマンとなった。

実は飛田は『福島の記憶』を発表する前に『福島のすがた　3・11で止まった町』という題名でもう一冊、写真集を出していた。表紙に〈写真集〉飛田晋秀からのメッセージとあって、東日本大震災・東京電力福島第1原子力発電所の事故避難区域の現状を撮影した記録写真、とある。震災後、一年から二年数カ月たった富岡町、大熊町、双葉町、浪江町の惨状を撮っていた。『福島の記憶』は、二〇一一年四月から二〇一七年四月にかけての記録だが、『福島のすがた』は撮った自治体が原発に近く、事故後だけに生々しい。野生化したダチョウや黒い牛が町の中でうろついている。キャプションは英語で表記され、外国人に向けて写真集はつくられていた。わたしは三冊の写真集を見せられ、飛田は紛れもなくプロの写真家であることがわかった。

飛田はコンテストに入選したが、自分にテーマがないことに気づき、消えてゆく職人を撮ることになる。そしてここからの話がわたしに関係する。

そのときの苦労話が『三春の職人』の最後のページに記されている。


　まず初めは訪ねていって世間話をするだけでした。少したってからまた訪ね、酒をごちそうになる。だんだんうち解け、信頼関係をつくり、やっと写真を撮らせてもらいました。苦労話や、本音を聞かせてもらいました。写真を撮らせてもらうまで、一年半かかったこともあります。


まず相手と信頼関係を築くことだという。そうでなければ撮らせてくれない。同じことはわたしにもいえる。果たして若い被害者を取材できるだろうか。

飛田が震災の写真を撮ろうとしたのは、津波の被害を受けたいわき市小名浜に住む友人を見舞い、そこで惨状を見聞し、友人からこういうことは必ず風化するからどうしたらいいんだろうと問われ、飛田は写真に撮ることを決断するが、それなりの迷いはあった。

「自分は報道カメラマンではないので、どうなんだろうってすごく悩んで」

最初にシャッターを切ったのは、二〇一一年四月二七日、大型クレーンで修理している、小名浜にある水族館の写真である。その日、飛田は津波によって路上に流された船や車を撮影し、二カ月後には警戒区域手前の広野町まで足を伸ばし、広野駅のプラットホームと赤く錆びた二本のレールと動かない電車を撮影している。そして原発の事故によって三春町に避難してきた富岡町の人から

「ぜひ、わたしの町を撮ってほしい」と頼まれ、二〇一二年一月、初めて原発避難区域に入る。だが、簡単には入れなかった。警察官が要所、要所で警戒にあたり、手続きをしなければならなかった。飛田は案内人である富岡の人と原発避難区域に入ったが、ジャーナリストやカメラマンに見られないようにするためＪＡ（著者注　農協）のマークのついた帽子をかぶり、ＪＡのジャンパーを着て行った。

「それでないと警察官ともめるからです」と飛田はいう。国は放射能で汚染され、人がいなくなった町を報道されたくはなかった。

「わたしはそういう風にスンナリ入った。でも最初はね、シャッターが切れなかったですね」

「怖いからですか？」わたしが飛田の顔を見てたずねた。

「何か、こう異様な感じでね。そこで思ったのは、報道カメラマンとか、戦場カメラマンっていうのは、自分とちがうんだなァって」

原発避難地区は放射線量が高く、滞在時間は一時間半と決められていた。飛田は案内人とともに、タイベックという防護服を着て、ガラスバッチを身に着け、線量計を持って避難地区に入った。

「ちょっと行くと線量計がピーピーと鳴るわけでしょう。その気持ちの悪さといったら」

ない、というのだ。そして飛田はこういう。

「本当にね、怒りと涙でシャッターを切ったんですよ。そのとき原発はちゃんと撮らなくてはならない、と思ったんですよ」

飛田はこれまでに一〇〇回以上、放射能で汚染された被災地に入った、という。それなら被曝したことはまちがいない。二〇一二年九月一八日、撮影のために訪れた飯舘村では線量計が１０３マイクロシーベルトを示していた。猛烈な放射線量である。

「わたしがこれを徹底的にやろうと思ったのは、二〇一二年の八月に、当時、小学校二年生の女の子が、『大きくなったら、お嫁さんになれる？』って。これをいわれたときにね、わたしは本当に心臓が止まるじゃないかと思うぐらい、声も出なくて。その子に『ごめんね』っていうだけいって、あとは車の中で号泣して帰ってきましたよ」

飛田は少女の言葉によって、原発事故に関する写真を撮ることがライフワークとなった。

「いま、その子は中学三年生か高校一年生ですけど、その子は忘れているかも知れないけど、その言葉はわたしの心の中に死ぬまで残ると思うんですよ」

「これからは何を撮っていくつもりですか？」

「これからはですね、人物ですね。被災した人の話です」

『福島の記憶』では津波による惨状と放射能によって汚染され、人がいなくなった町や農村の集落がほとんどで、人物は少ない。一方、高い評価を得た『三春の職人』は人物である。キャメラマンとして人物を撮りたくなるのはごく自然である。

飛田によれば、これから撮ろうとしているのは三人いて、関係を持っているが、撮影には至っていない、という。

「ユージン・スミスは、水俣病の患者、坂本しのぶさんを撮っていますが、そのような写真を撮りたくありませんか」

「ありますね、それは」

写真家であれば誰でも撮ってみたくなる。飛田が話を続ける。

「知らない人を撮る場合、人から紹介されても先に進まないんです。自分の年齢もあって焦りもあるんですが、撮るには人間関係をつくっていくしかないんです」

飛田が人物写真を撮る困難さを語った。

「六〇代の方が亡くなった、と電話ではおっしゃっていましたが」

「都路の方です」

「この方ですか」

わたしは写真集を開き、指を指した。玄関の前で、顔をキャメラのほうに向けた女性の写真である。

「この人です。すい臓がんで亡くなっています。この人の旦那さんも半年前に亡くなったんです」

死因は胃がんだという。被曝の話になった。次の話も都路である。

「都路では給料がそんなによくなかったのに、原発に出て、二、三日働いただけですごい金になるんだぞと。ところが原発に行った人がどんどん亡くなって」

「原発に行った人が?」

「そう、そう。親子で亡くなった人もいる」

町議会議員の木幡ますみと原発で働いていた今野寿美雄も同じことをいっていた。

「三春町では、原発の事故に由来するような病気で死んだ、という話を聞いたことがありますか?」

「三春はね、やっぱり、ヨウ素剤をのんだせいか、甲状腺がんのことは聞かないですね。六六％の人がのんでいるんですね」

と飛田はいったが、小児甲状腺がんの患者が一人出ている。おそらく、何らかの理由で親が子どもにヨウ素剤をのませなかったようだ。ここでわたしが話を変える。

「写真集にもありますが、放射能に由来すると思われる自然の変異についてお話しください」

「ありますよ。写真に撮ってありますから」

ここで飛田はパソコンを開き、縮れた葉の写真を見せてくれた。葉の中に虫が入っているのではないかと確認したが、入ってはいなかった、という。写真集にも飯舘村の焼却炉近くにある縮れたカシワの葉の写真が掲載されている。焼却炉が稼働したことによって、葉は白くなり、枯れかけ、そのそばにおかれた線量計は2・09マイクロシーベルトを表示していた。

飛田は次に楓の葉の写真を見せてくれた。この葉も縮れている。この葉がおかしい、といってきた女性は、二本松市に住んでいて、楓の木の下は2・63マイクロシーベルトもあったという。二〇一五年八月にその女性は胃がんで亡くなった、というのだ。

そのほかに自宅の前にあったバラが奇形で、すぐに枯れたという。

「そのバラは大きくならない？」

「いやいや、花が八重みたいになっちゃう」

飛田が保存されている写真を次々にパソコンの画面に出して、説明をする。

福島市にある桜の葉っぱは丸まっていて、その木の下は、1・20マイクロシーベルトも線量が高かった、という。杉や松や竹にも放射能の影響を受けたと思われる変異が見られた、というのだ。

「これはわたし」

飛田が正面を向いているバストサイズの写真を画面に呼び出した。右目がぷっくりと腫れあがっている。殴られて腫れたようにも見えるが、青なじみにはなっていない。

「この人は甲状腺がんで」

死んだ、という。飛田と関係した人物がどんどん死んでいる。

職人を撮ってきた飛田がなぜ、『福島の記憶』では人物を撮らなかったのか、とわたしは不思議に思っていたが、やっぱり、すでに撮っていた。次の写真集を予定しているようだ。原発事故に関わる写真を撮ることがライフワークだと宣言しているからだ。

飛田は次の写真を出し、パソコンの画面に向かっていう。

「この人は当時（著者注　撮影時）、一八歳の子で。これは『フライデー』に出た写真です」

「そうなんですか！」

飛田が撮っていたとは知らなかった。わたしが最後に取材したいと思っている女性である。それは甲状腺がんの手術痕を撮った衝撃的な写真で、喉だけが写っていて、顔は写っていない。

その写真が掲載されたのは二〇一五年九月二五日号で、見出しは、福島原発事故後に甲状腺がん／20歳女子の悲痛な日々／2度の手術も／リンパや肺に転移／弟2人も甲状腺にのう胞が…とある。

この女性については、二〇一八年三月九日号の『週刊金曜日』でも取り上げられ、ライターの藍原寛子が「がん告知は医師と女性、母親の３人の場でなされた。Ａさん（著者注 女性の父親）が後から聞いたところ、余命数年ととれる表現もあり」と書いているが、飛田は否定した。

「これ、避難者の人」

赤く腫れた、女性の腕が写っていた。

「ものすごく痛痒いんだそうです。病院へ行っても原因がわからないんです。ところが線量の低いところへ行くと、一週間ぐらいで自然に腫れが消えちゃう」

写真の中にはわたしが取材した人もいたが、飛田は名前を明らかにしては困る、といわれている。

モニタリングポストの話になった。持参した線量計と同じ数値が出たのは葛尾村にあったモニタリングポストで、あとは全部、モニタリングポストのほうが低かった、という。飯舘村の伊藤と同じことをいった。

「二割低いといわれていますが」

「そうですね。ひどいのは五割です」

「五割！　へぇ～」わたしが驚いた。これは犯罪である。

「取材して何を感じましたか？」

「福島県は復興していると国はいうけど、箱をつくっただけでしょう。人間に対する復興ではない」

わたしが大きく頷く。

「知り合いの方で被曝に関するような話はありますか」

わたしの質問に対して、都路に住んでいるいとこが昨年の八月に心筋梗塞で亡くなった、という。

元気だったのでショックを受けた、という。同じく都路の知り合いの区長も亡くなり、写真集に出てくる二人とそのほかに七人が死に、全部で一一人が死んだ、という。

「ここ数年の間ですか」

「昨年です」

「平均年齢でいうと、おいくつぐらいですか」

「六〇代です」

「ああ」わたしがため息をもらした。

「これで仕事が終わりとはいかないですね」

「いかないです。仕事は山ほどあります」

中島未来、二二歳

三月二四日、中島未来に会う。会う段取りは大越良二がつけてくれた。彼と落ち合う場所は福島市にある蓬莱ショッピングセンターで、そこから車でレストランへ行き、中島と会う予定を立てた。日取りを日曜日にしたのは、中島の仕事が休みだからである。彼は社会人で、わたしが取材した人の中ではもっとも若い。

わたしは白内障のため、対向車のライトがまぶしいので日照時間の短い冬の間は、電車や高速バスを利用して福島県と自宅を行き来していたが、春になり日がのびたので車で行くようになった。

天気予報によれば、五〇〇キロの全行程、概ね晴れで、雪の心配はない、となっている。五時に自宅を出発、一〇時五分、蓬莱ショッピングセンターに到着した。約束の時間よりも一時間近く早く着いた。車の外に出ると冷たい北風が頬を切り、突然、雪がふってきたが、太陽が出ているので心配はない。

蓬莱町は起伏に富んだ丘陵地帯にあって、団地の中にショッピングセンターがある。福島市のベッドタウンのような町で、この近くには福島県立医科大学と附属病院があり、中島未来はこの町に住んでいる。

大越が蓬莱町について、『ふぁーむ庄野』にこう書いている。

市内蓬莱町は放射線量も比較的高い地域。数キロ離れた福島大学では雨水と濾過用フィルターで驚異的量の放射性物質ランタン、ヨウ素等六〇〇〇ベクレルを測定した。

大越から到着を告げるメールが携帯電話に入り、ショッピングセンター内の駐車場で再会した。「こちらは、ほんの少し積もりました」と大越はいう。すぐに彼の先導でレストラン「風の谷」に向かう。それは丘の上に建つ、広い駐車場を持つ洒落た店で、店内に入ると大越が「二人できますから」という。それを聞いて中島未来が誰とくるかがすぐにわかった。これまで通院や検査に付き添ってきた祖母の千恵で、『ふぁーむ庄野』に出てくるからだ。そのことは予想していなかったことで、てっきり未来が一人でくると思っていた。

ややあって二人がやってきた。中島未来は身長一八〇センチ以上、体重は一〇〇キロ以上もある大男である。一方、祖母の千恵は小柄で、理知的な顔をしていた。あとで彼女の年齢を聞くと七〇歳だという。未来と千恵がわたしの前に座り、わたしのとなりは大越である。店員がきたのでそれぞれが飲み物を注文し、わたしが未来の顔を見て、まず生年月日をたずねた。

「平成一〇年二月」未来は耳を近づけないと聞こえないほどの小さな声で答えた。

「いまは何歳?」

「二一歳です」彼はひどく眠そうな顔で答えた。

「最初、大越さんから話を聞いたときに未来さんっていうから」

「女の子と思ったのね」といって千恵が笑う。社交的な人のようで、わたしは好感を持った。取材をする上でもっとも大事なことである。千恵が話を続ける。

「いまは農協さんから、医大までみんな名前は未来です」

「なるほど」わたしが頷く。

福島県立医科大学附属病院に病棟が新設され、被曝した子どもを対象にする病棟を「みらい棟」という。

「『ふぁーむ庄野』によれば、未来さんのお父さんは、友人の勧めによって家族全員が山形に避難したそうですが」

『ふぁーむ庄野』には一五日、夕方車で避難した、とある。

「学校が始まるまで避難したんです」

「なるほど、で、山形県のどこへ避難したんですか？」

「米沢です。あのへんでは、福島とほとんど変わらないんですよね」

中島家に限らず、被災者は線量の高い地域から線量の高い地域へ避難している。国がスピーディーの情報を公開していればこのようなことにはならなかった。このことによって多くの人たちが被曝した。これは歴然とした犯罪で、担当した公務員は責任をとらなければならない。

「福島市でも逃げた人はいたんですか」愚問だと思ったが、たずねた。

「たくさんいますよ」千恵が答える。

原発の事故情報を得た自衛隊、警察、県の関係者などの家族はいち早く逃げた、と大越はいう。同じことは伊藤延由や渡辺紀夫がいっていた。

「わたしたちは病院から情報を貰ったんですね」

「どんな情報ですか」

「明日（著者注　三月一五日）雨がふったら、放射能がくるよっていわれたんです」

医師とその家族は、すぐさまヨウ素を服用した、と大越はいう。そうすれば放射能から甲状腺を守ることができる。

「逃げたということは、あまり語られていないでしょう」わたしがいう。

まったくない、というわけではなさそうだが、わたしはそれを記録した写真や動画をほとんど目にしたことがない。唯一、あるのは飯舘村が発行した『までいの村に陽はまた昇る』の冊子で「県道12号線は避難車両で渋滞」とあるだけである。

「タブーなんですよ」と大越が答えた。

蓬莱町の話になった。団地ができて、町は大きくなったが、いまは高齢化が進んでいる、という。

東京近郊の団地でも同じことが起き、そういうことでは変わらない。

「原発の事故後、医大のヘリと消防署のヘリと自衛隊のヘリが並んでおいてあるんです。だから、本当に戦争みたいでしたよ」

千恵が述懐する。同じようなことは関久雄や渡辺紀夫もいっていた。このことは歴史的事実であるので記録しておく。千恵が話す。

「わたしの家は山だから、ちょっと線量が高かったんです。除染してもらったんだけど、石垣のあるところをまた、除染しているんです」

「いま、住民の間で、放射能のことを話すことはあるんですか？」

「町内のばあちゃんたちとかに放射能の話をしたら、それこそ怒られますよ。また始まったって」

「話す雰囲気がないわけですね」

「ない！　ない！」千恵が語気を強めていった。

「未来さんは、検診を受けてB判定となったわけですが、そのときの気持ちはどうだったんですか？」

会ったら、ぜひ聴いてみたい、と思っていた。しかし、未来は返事をしない。口を閉ざしたままである。機嫌が悪いのだろうか。わたしはだんだん心配になってきた。

「あのときはわからなかったよね」

と千恵は未来に代わって答え、未来が「うん」と頷く。

「あれ、夏休みが終わってからだよね」千恵がいい、また、未来が「うん」と頷いた。

千恵と未来の話になった。これでは取材にならない。何をしに福島まできたかわからない。未来の顔の表情から、未来はわたしを信用していないようだ。何よりも相手との信頼関係が大事だ、と写真家の飛田晋秀がいっていたことをいま思い出す。

「B判定を受けたとき、甲状腺の知識がなかった？」わたしが未来にたずねる。

「そんなにね、わたしもなかった」

千恵が代わりに答え、わたしと千恵との間で、これまでの甲状腺検査の経過を話した。

「細胞診はどうでしたか？」

わたしは未来にたずねたが、相変わらず答えない。

「痛かったのか、あなたの気持ち。細胞診はイヤだものね」

千恵が発言を促す。ようやく、未来が答えた。

「医者が余計なことをいわないでくれって」

未来は医大の医師より口止めされていたのだ。この言葉は聴きやすくするためヘッドホーンをつけ、テープレコーダーを何度も聴き直して文字を起こした。わたしはそのとき聴こえなかったので、こんなことを千恵にいっていた。

「いま、お孫さんを見ていて、しゃべれる状況ではないのかも知れない」

それに対して千恵はこんなことをいう。

「いま起きたばかりだから、頭がまわっていないんじゃない」

わたしにはそのように思えない。未来は世の中に対して不信感を持っているように思う。

話は二〇ミリになった団子状の結節の話になった。千恵がいう。

「二〇歳ぐらいまでは大きくなるけど、三〇歳になると小さくなるというんですよ。お医者さんが。それで甲状腺で死んだ人はいないから大丈夫っていうんです」

検討委員会で医師がいった、という。善意に解釈すれば心配を和らげるために医師がいったともとれるが、患者や家族はそのようにはとらない。転移する場合もあるし、一生、チラーヂンというホルモン剤を服用しなければならないことを知っているからだ。大越によれば二〇年後に再発した、という例もあるという。千恵がいう。

「二つが重なっていて、大きくなっている。これ、ありえないっていっていたんですよ、お医者さんが」

「いままでにない症例が出た、ということですか」

「そうです」

小児甲状腺がんは、一〇〇万人に二人か三人がなるといわれ、症例が極めて少ないので、専門医もいないし、病気そのものがわかっていないようだ。

「一つ目のほうは細胞診をやっているんですよ。お医者さんは良性だというんです。もう一つははっきりしていないんです」

もう一つの結節に対して医師が細胞診をやらなかったことに対して、大越はこういう。

「わたしは政治的に医師がやらなかったと思うんです。やって、もし、悪性の結果が出たら、大変な問題になっちゃうんですよ」

これは素人考えだが、一つの結節が良性であれば、もう一つの結節も良性で、医師はそのことから細胞診をやらなかった、と考えることができる。

それにしても大越は医大の医師をまったく信頼していない。

「いまは経過観察ってことですか」

「いや、結節が大きくなっているから、邪魔ならとって、邪魔にならなければとらなくていいよって」

大越によれば医師からいわれている、というのだ。

「とにかく、平穏ではないよね。常に気にかかるよね」

わたしが未来にいったが、返事がない。

「大体、友だちとの間で甲状腺の話はするの？」わたしが問いかける。

「…………」

「オレ、Ｂ判定だったって、誰かに話した？」

未来は「いや」といったが、聴こえたのはそれだけである。

家族の中で甲状腺の話をしたか、と千恵にたずねると、わたしと孫はわかりあっているから話さない、という。そしてこういう。

「福島の弁護士さん、学校の先生、お医者さんは、原発のことを口止めされていると聞きました」

千恵の周辺でそのような話が交わされた、というのだ。

「反原発の運動をやっている人は、みんな同じことをいいますよね」

特に詩人の関久雄は福島が全体主義になった、と嘆いていた。

ここから鼻血の話になる。千恵が話す。

「鼻血の出方がすごいんです。どばっと出るんだそうです。それも年齢、男女、関係なく出ていますよね。おばあちゃん、おじいちゃん、子どもも」

こんどは大越が話した。

「わたしの孫は、五人なんですけど、三人が被曝しているんですね。三人とも、みんな鼻血が出るんです。わたしも鼻血を出しているのを二、三回見ました。本人は当たり前で驚かないんです」

「それで医師は何だというんです」

「全然、いわないんですよ。ここの粘膜を焼いて治療は終わり」

千恵が鼻血の治療方法について話した。

医師は放射能に由来するとはいわない、という。大越が診察を受けた福島市にある診療所の医師だけが、放射能で鼻の粘膜がやられ、それで鼻血が出る、と診断した。

ここで一息入れ、雑談となった。わたしが利根川と江戸川を結び、野田市と流山市のほぼ市境になっている利根運河の話をした。利根川から江戸川へ注ぐ、流山寄りの運河の河口に野球場が四面とれるぐらいの広さの土砂堆積場がある。管轄は国土交通省江戸川河川事務所で一年中、どこからかダンプカーで土砂を運び入れ、そこで重機を使い、台形にして、また、どこかへ運び出していた。

土手にはサイクリングロードがつくられ、わたしは高い土手の上から数年間にわたって土砂堆積場を観察してきた。あるとき堆積場の前に「土砂を改良機で混ぜて活用できる土を造っています」という看板が立てられ、混合用土Ａと混合用土Ｂを万能土質改良機にかけると、改良土ができる、と看板で図解されている。改良機といってもコンベアがついただけの簡単な機械である。土砂堆積場には監視カメラが設置され、そこは立入禁止になっている。わたしはそれを見て、放射能で汚染された土砂と汚染されていない土砂を混ぜて、それを何かに使おうとしているにちがいない、と思った。実際、環境省は汚染土を全国の道路や堤防、鉄道などの公共工事で使用する道を探り始めた、という昨年の三月七日付の東京新聞の記事があり、国土交通省がそれを始めた、といってもおかしくはなかった。しかし、もしそうだとすれば、看板を掲げたりはしない。こっそりとやるはずである。わたしにはいまだに確信が持てない。だが、未来がその話に興味を持ち、口を開いた。

「その看板は、実験場にあったたんですか？」

「実験場というよりは、土砂の堆積所なんだ」

「放射性物質を積んでいる疑いはありますね」

中島未来がいい、話が続く。

「何かしらヤバいのを運んでいるのは、たいていトラックのミラーのところに赤い帯がついていますから。お寺の前にトラックが三〇台ぐらい並んでいて、一台だけ、ブルーシートがはがれ、黒い何かが見え、多分、放射性物質か何かが入っている袋なんだよ」

すかさず大越が「フレコンバッグ」といった。未来はわたしと同じように町を観察していた。

「ああ、よかった。しゃべってくれて」

わたしは話の内容よりも彼が話してくれたことに対して喜んだ。

「いままで寝ていたんですよ。アッハッハッハ」千恵が笑い飛ばす。

「これまでの話から、友だちとの間で原発のことは、話をしないようにしていたんでしょう」

わたしは未来の顔を見て問いかけた。千恵が未来に代わって答える。

「高校時代に病気がうつるからくるなっていわれたんですよ」

「えっ！」わたしがびっくりする。すぐさま大越が高校名をたずね、未来が答えた。

放射能については全員が被害者である。それなのに被害者が被害者を差別している。それを気づかなければばならない。

「そういうことをいわれちゃうと何もいえなくなっちゃう」わたしが嘆いた。

「ということは、友だちも知っているってことだ」と大越がいう。

ここで未来が口を開いた。

「ネットカフェでオレ、知られていますけど」

未来が意外なことをいう。

「ああ、ネットでね」と大越が頷く。「ネットは全国だから」と千恵はいう。

「ボイスチャット（著者注 二人以上の相手と音声によるメッセージをリアルタイムでやりとりをするシステム）で県外の人にもぶちまけていますから。さっきもぼくと似たような人がいましたけど」

中島未来はインターネットを使い、自分の考えを発信していた。想像していなかったことだけに驚きである。彼は彼なりに、抵抗運動をしていたのだ。

「ネットで仲間ができるでしょう」わたしがたずねる。

「それをネタに悪いことを書く人がいますから」未来が警戒する。

「必ずいるよね」と大越がいう。

「そんなことをして、何か得なことでもあるのかなァ」と未来がつぶやくようにいう。

やはり未来には人に対する不信感がありそうである。わたしのような初対面の人に対して自分の気持ちなど簡単に打ち明けない。だから発言をしなかった。寝ていたわけではない。

未来の体の話になった。結節がしだいに大きくなり、それをどうするかである。邪魔であれば切ればいい、と医師はいっている。どうする、とわたしは本人の考えをたずねた。

「再発しないと約束するなら切る」という。未来は今後のことを自分の頭で考えていた。

最後はこんな話になった。千恵がいう。

「昨年、白血病の赤ちゃんが生まれました」

「遺伝ですか」と大越がいう。

「そうでしょう」とわたしがいい、千恵にたずねた。

「その話は病院関係者から聞いたんですか」

「そうじゃなくて、子ども生んだ人の知り合いから」

聞いた、というのだ。放射能による被害はどんどん広がりを見せている。ただ知られていないだけである。

最終章

帰還困難区域の線量を測定する

大越たちとレストラン「風の谷」で別れ、帰路は原発事故直後、避難する人たちの車で渋滞した国道一一四号線を走り、浪江町で国道六号線に入り、帰宅したが、途中、帰還困難区域や遠くで廃炉工事をやっている東京電力福島第一原子力発電所を見た。こんどは線量計を持って帰還困難区域へ行ってみることにする。道順は逆になり、自宅を出て国道六号線を北上し、いわき市を抜け、帰還困難区域である大熊町、双葉町を通り、浪江町で国道一一四号線に入り、今野寿美雄の家族が避難し、ダッシュ村があった浪江町津島地区まで行き、そこから引き返し、帰路につく、というコースである。途中、要所、要所で放射線量を測定する予定でいる。目的は原発の事故後、八年が経過し、いま被曝地の放射線量はどうなっているかを知るためである。そのほかに被曝地の様子も伝えたい。

それは四月一二日に予定し、線量計は友人に借りた。

松戸市周辺の桜が満開になったのは、都心よりも遅く、四月四日あたりである。近年、桜の満開は三月二七日頃だから、今年は少し遅い。この間、三寒四温の気候が続き、四月一〇日には大型の低気圧とシベリヤからの寒気団が関東地方に近づき、気温が低く、関東地方の山沿いでは雪がふった。四月にこのような気候になると温暖化が進んでいる、といわれてもピンとこない。大抵の人たちは昨年の夏、死者を出した、あの猛暑を忘れかけているはずだが、わたしは依然として地球の温暖化は進んでいる、と思っている。

四月一二日、予定どおり、測定をしながら常磐線の富岡駅までやってきて、ようやく線量計に異常があることに気づいた。どこで測定しても線量計は０・１２マイクロシーベルトを示し、おかしいと思いながら、富岡駅まできて、駅前広場で測定すると、線量計は０・０５マイクロシーベルトを示し、やっとおかしいことに気づいた。わたしはすぐに測定を中止し、自宅へ引き返した。

そこで高校教師の渡辺紀夫がつくった線量計を買おうと考えたが、スマホがないと使えないので、思案の末、ネットでエステー社製の線量計を買って、それを使うことにした。

四月一八日、もう一度、帰還困難区域へ出かけることにしたが、最初はわが家からである。一五坪ほどの小さな庭の、満開になった桃の木の下の線量は、一時間あたり、０・０５マイクロシーベルトである。落葉が堆積している庭の隅は０・０８マイクロシーベルトで、隣家の境は０・０９マイクロシーベルトを記録した。隣は幼い子がいるので除染し、除染した土を埋めた場所がその数値になった。けっこう高い。

自宅から一五〇メートルほどのところに幸田貝塚公園という名の公園があり、後日、公園入口にある看板に貼り付けた放射線量測定一覧表を見ると、測定の年月日と線量が記され、それによれば松戸市が最初にこの公園を測定したのは、原発事故後の二〇一一年一一月二日である。公園の中で一番、放射線量が高かったのはU字溝で、0・432マイクロシーベルトを記録し、この地域がホットスポットであったことがわかる。二〇一八年三月六日の測定で、U字溝は、0・107マイクロシーベルトになっていた。次に高かったのは公園の隅で0・374マイクロシーベルトを記録し、今年の二月七日の測定では0・103マイクロシーベルトになっている。以上が公園内の高い場所だが、公園内の三点を任意に決めて、線量計の説明書どおり、地上から一メートルの位置で測定してみると、0・09から0・05を記録し、原発事故の直後と比べて概ね放射線量はへっている。線量を測ってわかったことだが、0・09マイクロシーベルトの場所から五メートル移動しただけで0・05マイクロシーベルトになっている。測定の場所を少し変えただけで線量は変わる。松戸市議のデリと測ったときもそうだった。

わたしは日の出前の四時四八分に家を出発した。あたりは暗い。車は静かな住宅街を走り、国道六号線へ向かう。ほどなく国道に出た。早朝なので交通量は少ない。あと五、六分で空は明るくなってくるはずだ。

五時四分、利根川を渡り、車は茨城県に入る。六時六分、石岡市にある「妻恋ロードパーク」で線量を測定する。場所は国道沿いの草地で、線量計は0・14マイクロシーベルトを示した。原発に近づくにつれ、放射線量は高くなりそうだ。

七時一五分、東海村を通過する。ここには老朽化した東海第二原発があり、それを運営する原電が再稼働をさせようとしている。昨年の夏は猛暑だったが、それでも電力には余裕があり、問題はまったくなかった。だが、国は原発を再稼働させようとしている。なぜ、そうするのか、理由がわからない。原爆でもつくろうとしているのだろうか。

車は日立市南太田インター近くを通過する。前方に標高二〇〇メートルぐらいの山並みが黒ずんで見えてくる。前回もそうだったが、日立市に近づくにつれて通勤者の車で混んでくる。電車でも日立駅につくと、大半の乗客はそこでおりた。日立市はいわずと知れた日立製作所の企業城下町で、街並みの整った近代都市である。日立は三菱重工業とともに原子炉を製造し、安倍政権下で官民が一体となって、イギリスに原子炉を売り込んだが、原発の事故の影響で製作コストが上がり、契約は不成立に終わっている。

日立駅前を通過し、車の渋滞はここで一気に解消した。自然と車のスピードが上がってくる。ほどなく右手に太平洋の青い海原が見えてきた。朝方は少し曇っていたが、だんだん日差しが強くなってくる。日の照り具合から、今年の夏も暑くなりそうだ。

車は高萩市に入る。右側が海で、左側に常磐線が走っている。まっすぐな道が海岸沿いに長く続く。

八時五六分、福島県に入ると、すぐに勿来の関がある。国道の前は勿来海岸で、波が寄せては返している。ここから風景は一変し、いよいよ東北へ入った、と実感する。ここで車を止めて線量を測定する。測定場所は国道沿いの草地で、正確にいえば「勿来切通入口」である。毎時、０・２０マイクロシーベルトを記録した。やはり、福島県に入ると放射線量は高くなる。因みに法によって除染の対象とされるのは一時間当たり、０・２３マイクロシーベルトである。

時間がない。すぐにウインカーを出して出発する。これより五四キロ先、自動二輪車や歩行者の通行を禁じる、との道路標識が見えてくる。車はだんだん帰還困難区域に近づいてきた。

九時二二分、右手、眼下に小名浜工業団地が見えてくる。海沿いに密集した工場の建屋と高い煙突が見え、何だか空気が汚れているような気がした。

一〇時九分、山の中にある久ノ浜パーキングエリアに到着。さっそく、桜の木の下で線量を測定する。０・２１マイクロシーベルトを記録した。場所によっては、０・２３マイクロシーベルトぐらいはありそうである。

すぐにハンドルを握り、帰還困難区域に向けて車を走らせ、一〇時二七分、Ｊヴィレッジに到着する。ここには日本サッカー協会のトレーニングセンターがあり、原発の事故のとき、ここが事故処理のための前線基地として使われ、しょっちゅうテレビで報じられ、みんなが知ることとなった。

わたしは桜が咲いている正門よりも手前にあるＴ字路の道路沿いで線量を測定する。道一本隔てて、向こう側にはコンビニがあり、測定地の前は竹林である。線量は０・２６マイクロシーベルトを記録。これまでで一番、放射線量が高い。ここが二〇二〇年に開催される東京オリンピックの聖火リレーの出発点になることが決まっている。それも驚きだが、二日後の四月二〇日にはサッカー施設を再開させ、ここで子どもたちにサッカーをさせようとしている。線量が高いことを主催者が知っていれば犯罪的だし、知らなければ無知である。サッカー場の周囲は、すぐにでも除染をしなければならない場所があるのだ。

ＪＲ東日本ではこの日に合わせて「Ｊヴィレッジ」という名の駅を新設し、二〇日の朝には一番列車が到着する予定である。駅を利用するのはイベントが開催される日だけだという。東京オリンピックに向けて、建物だけは税金でどんどん建てられていた。

すぐに車に戻る。福島第二原発の前を通過する。震災のとき、第二原発でも津波によって電源喪失の危機があったが、そのことはすでに忘れられている。いや存在すら忘れられているかも知れない。

こうして国道六号線を走ってみると、この国道が原発ロードであることがわかる。

一〇時四八分、富岡駅に到着。前回きたとき、ちょうど列車が到着したので、乗客の人数を数えると、一二人であった。全員が若い人で、スーツを着た人は一人もいなかった。ほとんどの人たちは迎えの車に乗り込み、駅をあとにしている。おそらく、原発に関連する作業に携わる人たちと思われ、何人かはマスクをしていた。

常磐線の電車がくるのは富岡駅までで、不通になっている富岡―浪江間は代替バスが運行されているが、前回、乗客は一人もいなかった。

電車の本数は、一時間に一本が走っているので、いわきと郡山を結ぶ磐越東線よりもずっと多い。復興が進んでいるように見せるため必要のない列車をＪＲは動かしている。

駅前には広場がつくられ、まだ作業員が出て、工事が続けられていた。線路の向こうは海である。駅前には新しい四階建てのホテルしかない。駅舎は新しく、駅売店が新設されているが、客はいない。二台のタクシーが客待ちをしていた。駅前は閑散とし、広場が広く感じられる。時間が止まっているような感じがした。

駅前の空地で放射線量を測定する。毎時、０・１８マイクロシーベルトを記録。もう少し高いと予想したが、その数値だった。理由は工事で汚染された土がそうでない土と混ざり合ったか、それとも汚染土がどこかへ運ばれたか、どちらかである。

これより車は帰還困難区域へと入って行く。富岡役場をすぎたあたりから帰還困難区域となる。車を止めて夜の森駅近くの、廃墟となったガソリンスタンドの前で測定する。１・０５マイクロシーベルトを記録。これまでで一番、放射線量が高い。被曝するので長居は無用である。わたしはすぐに車を走らせた。

国道六号線沿いには郊外店が続いている。パチンコ屋、廃墟。洋品店のしまむら、廃墟。カローラ販売店、廃墟。赤い看板のケーズデンキ、廃墟。信号は橙色が点滅し、車の渋滞はない。工事用の土砂を運ぶダンプカーと大型トラックが時速七〇キロぐらいのスピードで走っているが、乗用車の数は極めて少ない。

ニッサン自動車の販売店、廃墟。ガソリンスタンド、廃墟。

車は原発のある大熊町に入る。国道沿いに民家が見えてきた。この一帯は震度五弱の地震に見舞われたが、建物に目だった損傷は見られない。そしてどの家もかなり立派である。ほとんどが手の込んだ和風建築の家で、各家の入口にはアルミニウムでできた銀色のバリケードが設置され、車や人が入れないようになっている。バリケードのつくりはどこの家も同じで、量産されたもののようだ。国道六号線から居住地に通ずる道路の出入口にはヘルメットをかぶり、マスクをつけた警備員が立哨し、許可書を見せなければ中に入れないようになっている。

車は大熊町郵便局前を通過する。トヨタ自動車の販売店、廃墟。スナック「蛍」、廃墟。パチンコ屋も草で覆われ、廃墟になっている。

旧大熊町役場前を通過する。新しい役場は大川原地区に建設し、四月一四日に開庁式が行われ、五月から業務を始める。

すき家が廃墟になっていた。左手に県立大野病院が見えてくる。病院の近くで測定する。0・93マイクロシーベルトで、予想した数値よりもずっと低い。

すぐに車を走らせる。右手の山の間にクレーンの先端が見えてきた。取り返しのつかない過酷な事故を起こした東京電力福島第一原子力発電所である。車を止めて国道沿いで線量を測定する。0・51マイクロシーベルトである。ここは原発から一番近い測量地点なので、線量が一番高い、と予想したが、そうではなかった。全体が一様に放射能で汚染されているわけではない、と思うが、四月一〇日付の東京新聞によれば、国道六号線に向かう道路では毎時8マイクロシーベルトまで上昇した、とある。あまりにも差があるので、測定に慣れていない者としては少し気になる。

わたしは国道六号線を離れて浪江駅へ行く。一二時二分、浪江駅に到着。駅前は閑散として、車もそんなには走っていない。駅前の空地で測定すると、0・40マイクロシーベルトを記録した。

ここは高い。法によって除染の対象になる。

駅前の駐車場に車を止め、車の中で持参したサンドイッチをほおばり、すぐに車を出す。国道六号線に戻り、少し走り、左折し、国道一一四号線に入る。国道は前方の小高い山に向かってまっすぐに伸び、道沿いには会社や商店が並んでいるが、歩いている人はいない。車の往来もほとんどない。町は死んでいる。

車は津島地区に向かって二、三キロ走ると、農村地帯に入る。車を止めて、バリケードのある空家の前で測定する。前は田圃で毎時、0・73マイクロシーベルトを記録。この線量では人は住めない。カーナビの地図によれば、浪江町馬場内とある。遠くで犬の鳴き声がした。近くには人が住んでいるようだ。

このあたりから空家が続く。

車は上下二車線の、山間の狭い国道を登って行く。汚染土を運ぶ大型ダンプがひっきりなしにすれちがっていく。運転手は道に慣れているようで、カーブでもスピードを落とさない。そしてほとんどのダンプは新しい。復興工事は儲かるのだ。

時事ドットコムニュースによれば、福島第一原発事故後の除染作業の下請けとして受注した土木会社「相双リテック」は国税局の税務調査を受け、二〇一六年一二月までの三年間で役員報酬が過大だとして国税局より約三〇億円の申告漏れを指摘された。何と役員報酬は七六億円だというのだから驚きである。しかも下請けの会社が脱税したのだ。それなら親会社はどれだけ儲かったか、容易に想像できる。忘れてはいけないのは、除染労働者が被曝し、ピンハネされていることだ。

モーターとエンジンで動くハイブリッドのプリウスは、音もなく急な山道を登って行く。すれちがうのは、汚染土砂を運ぶダンプだけである。磐越自動車道だけでなく、国道一一四号線でも走っていた。左手の谷間に小さな河川が流れている。地図で調べると請戸川となっている。わたしは不動滝のところで停車し、放射線量を測定した。毎時、3・07マイクロシーベルトを記録する。本日、これまでで一番高い数値である。不動滝は観光の名所のようで浪江町のホームページで紹介されている。

この先には赤い橋があり、大柿ダムがあるので、秋の紅葉のシーズンになると、このあたりは観光の名所のようだ。

国道とはいえ、道幅は狭い。途中、脱輪している乗用車があり、パトカーが助けにきていた。この道を浪江の町民は車を連ねて津島地区に向かって逃げた。あの当時、ハンドル操作を誤り、脱輪した車もあったにちがいない。

道路にはりだす桜はちょうど満開をむかえ、山里は桃源郷のようだ。古木の桜がここぞとばかり咲きほこり、看板が桜の前に立てられ、「津島桜」と書かれていた。ネットで調べてみると、津島地区は桜の名所のようである。しばし見とれる。

景色は申し分ないが、窓を閉め切って走っているので、額から汗が滲んできた。外の線量が高いので窓を開けることができない。わたしはついに我慢できなくなり、何度か窓を開けて車を走らせた。

左手に広い駐車場のある茶屋が見えてきたので車を止めた。茶屋の名前は「つしま乃茶屋」となっていた。本格的な日本建築の、入りたくなる佇まいである。看板に「つしま」とあるのでこのあたりが津島地区ということになる。福島第一原発の近くに住む浪江の町民は、山深い、ここへ逃げてきた。

ここで放射線量を測る。1・06マイクロシーベルトで、ここも高い。集落になっているが、むろん、人家には人はいない。目の前には立て看板があって、「帰還困難区域につき長時間の駐車はご遠慮ください　原子力災害現地本部　浪江町」と注意書きが書かれていた。

すぐに車を走らせる。右手に津島小学校が見えてくる。車を止めて線量を測った。0・97マイクロシーベルトである。こうして線量を測り、もっとも放射線量が高かったのは浪江町津島地区ということになる。ここにはダッシュ村があった。

津島地区の先に飯舘村の長泥地区があり、いまも帰還困難区域になっている。線量の数値からプルームは国道一一四号線の上を流れたのだ。

いまの線量がこれだから、事故直後はどれだけだったのだろう。飯舘村のいちばん館の前は、44・7マイクロシーベルトもあった。そのときに多くの人たちは被曝したのだ。

四月二四日、わたしは利根運河の河口にある土砂堆積場へ行き、土砂の線量を測った。線量計は毎時、0・05マイクロシーベルトを示し、放射能で汚染された土砂は混じっていなかった。それにしても思わせぶりな看板で、なぜ、土砂を混ぜ合わせているのかがわからない。国土交通省にたずねてみたいが、本書のテーマではないのでこれぐらいにしておく。

あじさいの会

最後に誰を取材するかで、わたしは大いに悩んだ。小児甲状腺がんになった若い人を取材しようと思い、『週刊金曜日』で取り上げられ、飯舘村の安斎徹がわたしに話し、写真家の飛田晋秀が甲状腺がんの手術の痕を撮り、がんが肺に転移した女性を、とわたしは考えている。

現在、原発について話すこと自体タブーになっている福島で、若い女性が、そう簡単に取材に応じてくれるとは思っていない。事実、『週刊金曜日』では、父親が娘に代わって取材を受けている。しかし、取材に応じられない理由は必ずあるはずで、それを書くこと自体、社会学的に意味がある、とわたしは思っている。

方針は決まり、わたしはすぐに行動を起こした。

四月二四日、「小児甲状腺がん家族の会」の元代表世話人で、「甲状腺がん支援グループあじさいの会」の事務局長をやっていて、会津坂下《ばんげ》町の町会議員だった千葉親子《ちかこ》に取材の仲介をお願いするメールを送った。千葉とは木幡ますみといっしょに会津若松駅の近くにあるミスタードーナツで会う機会があったが、時間の折り合いがつかずに会えなかった。

わたしは質問事項を羅列して、千葉にメールし、四月三〇日、千葉から回答がメールで送られてきた。そのいくつかをここで紹介する。

事故から8年、小児甲状腺がんを患った方には、再発を余儀なくされ、2度目の手術そして、ＲＩ（アイソトープ）治療をされている方が何人もおられます。

と書いてきた。ＲＩ治療は、子どもを狭い病室に収容し、外界と遮断して、放射線医薬品を体内に投与するもので、会員の中に過酷な治療を受けた子どもがいた、という。それも一人ではない。そのほかに体調不良になると、どうしても甲状腺がんと結びつけてしまい不安になる、という。それとがんのことが常に頭にあって、将来への希望が見いだせない、というのだ。わたしはそれらのことを読んで直接、保護者と会って、彼らの悩みを聴いてみたい、と思った。

例の女性について、わたしは、「『週刊金曜日』に取り上げられ、手術の痕を写真で公開された女性はいまどうされていますか」と問い、それに対して千葉は、「私は、週刊金曜日の取材記事には関わっておりませんので、お答えできません」との返事が返ってきた。「彼女に取材ができればベストですが、それは可能ですか」の、わたしの問いに対して、千葉は、「基本的には当事者の意思だと思います」と答えている。

そして千葉はわたしからの取材の申し込みがあったことをあじさいの会の会員に伝える、とメールがきたので、わたしはこれまでに書いてきた原稿を彼女にメールで送った。どのような目的で取材しているかを知ってもらうためである。すぐに千葉から「これから読みます」というメールがきて、わたしは千葉からの連絡を待つことにした。

五月一二日に原稿を送付し、一〇日以上がたっているので、どうなっているのか、返事を求めるメールを千葉親子に送った。すると、用事があって家族とは連絡をとっていないのでとりしだい返事をする、とのメールが千葉から送られてきた。

福島県立医科大学附属病院みらい棟

まもなく千葉に原稿を送り、二〇日間が経過しようとしていたが、依然として彼女からの返事はなかった。性格上、わたしはじっとしていられない。以前より福島県立医科大学附属病院には行ってみたい、と思っていた。ただ、行くだけではもったいないので国道四号線沿いの放射線量を測定しながら、附属病院まで行くことにした。

病院には朝の七時までつきたいと思っているので、一泊しなければならない。いろいろ考え、二本松市にある道の駅「安達」で、車中泊をすることにした。ここなら金はかからないし、病院も近い。

五月一九日、午後一二時一五分、わたしは自宅を出発する。気温は二二度、晴れである。

先月、国道六号線沿いを測定したときの測定場所は、松戸市にあるわたしの自宅から浪江町津島地区までだったが、国道四号線のほうは、六号線沿いよりも汚染の度合いが低いことから福島県に入ってから測定をすることにした。最初は白河市豊地上弥次郎にある白河厚生総合病院の入口で、測定すると、毎時０・１６マイクロシーベルトである。さらに北上し、須賀川市にある「大黒池防災公園」の池の淵で測ると、０・１９マイクロシーベルトを記録。次に測ったのは郡山市にある北部工場団地内の草地で、0・09マイクロシーベルトである。車は福島県立医科大学附属病院へ向かって進み、道の駅「安達」には予定の時間通り、日没前の五時半に到着した。ここで線量を測定すると、0・19マイクロシーベルトである。数値は、ホットスポットになったわが家よりも少し高いが、浜通りに比べると、こちらのほうがずっと低い。

周囲が明るくなった五時、道の駅を出発する。五時四〇分、大越と落ち合った蓬莱ショッピングセンターに到着。病院はこの近くにある。すぐに車で病院のまわりを見てまわる。前回、きたときには気づかなかったが、蓬莱ショッピングセンターは、蓬莱団地の中心にあり、それを挟んで西側に集合住宅が建ち、東側には戸建ての住宅が建ち並んでいる。道幅は広く、整然とし、緑は多い。蓬莱団地は計画的につくられた住宅地で、ここから安達太良山か吾妻連峰と思われる山稜を眺めることができる。

これから訪れる福島県立医科大学附属病院は、小高い丘の上に建てられた威風堂々とした建物で、ここから見ても地域の基幹病院であることがわかる。

時間はたっぷりあるので、病院から一キロぐらい離れた高台の、ウグイスが鳴く山の中で、放射線量を測定すると、除染の対象となる毎時、0・32マイクロシーベルトを検出した。蓬莱町は線量が高い、と大越はいっていたが、まさにそのとおりで、これまででここが一番高かった。

わたしは山をおり、福島市の支所の駐車場に車を入れ、これから歩いて病院へ向かう。

病院は丘の上にあった。道路は大学と病院を一周していて、東側が医学部で、道を一本挟んで西側に附属病院がある。病棟は一〇階建てのきぼう棟と五階建てのみらい棟に分かれ、北がきぼう棟で、南がみらい棟である。並んで建っていて、新しく建てられたのがみらい棟になる。この病棟には小児外科、甲状腺・内分泌科、産科、婦人科、救急科などがある。

病棟の前は広い円形の車寄せになっている。七時三二分、車がどんどん入ってきた。七時四二分、路線バスが到着する。すでにこの時間、二台のタクシーが客待ちをしていた。三人の警備員が外に出て、交通整理にあたっている。わたしはこの光景を見るために早朝、この病院へやってきた。

七時五二分、一階にある待合室に入る。そこには中高年の受診者がいっぱいいた。人数を数えてみると八二人で、八分後の八時には一〇三人に増えていた。

わたしは外に出て、もう一度車寄せに立った。受診者をのせた路線バスが、どんどん入ってくる。乗用車も切れ目なくやってきた。

「すごい数の人ですね」

わたしは近くにいた中年の警備員に笑顔で話しかける。

「二〇〇〇人を超す日もあります」と警備員が答えた。

わたしはその人数にびっくりした。

「診察時間は、もっと遅いでしょう」

「そうですね。朝六時というと、ここが開くんですけど、患者さんが並んでいますから」

「へえ〜！」わたしが驚いた。

「以前はこんなんじゃなかったんでしょう。被曝の影響があったんじゃないですか」

わたしがズバリとたずねた。警備員はその質問には答えずにこういった。

「みらい棟ができたんですね。それまでは大体、一日の患者さんが八〇〇人ぐらいで、いまは倍ですから、大変です」

原発の事故後、患者が増えた、と警備員は婉曲に答えてくれた。増えた理由として被曝したのではないかと思い、受診した、と考えられるが、事故から八年が経過し、依然として受診者が多いということは、原発の事故に由来する病気が増えた、と考えることができる。

「レセプトによれば、甲状腺がん何かは増えているじゃないですか」

「内容についてはちょっといえないんですが、患者さんが増えられていることは確かですね」

警備員の話をまとめると、受診者の人数は、一日一六〇〇人ぐらいで、二〇〇〇人を超える日もある、というのだ。やはり、驚くべき人数である。

「ありがとうございました」

わたしは丁重に礼をいって警備員と別れ、再び一階の待合室に入った。さらに受診者で待合室は混雑していた。七〇歳代と思われる、私服の案内係の女性と立ち話になった。彼女はボランティアだという。

「この病棟、前からこんなに患者がいたんですか？」

「大体、同じですよ。いまはセーブしているんです。完全予約制になったから。以前より少なくなったかも知れない。空いていれば、空いているだけ患者を入れたから」

これでも少なくなった、という。病院は患者が多すぎて受診者を制限するようになった、というのだ。

「いま福島を歩いていて、被曝した人から話を聞いているんですが、多くの人は話したがらない。でも、福島の人たちは、被曝して病気が増えた、と実感は持っているわけでしょう」

「と思いますよ」

「そういう話は、まわりの人とは話さないんですか？」

「しない、しない。隠すわけじゃないんだけど。聞かれればいうんでしょうけど」

「何で原発の話をしないんでしょう？」

「何ででしょうね。ふれたくないのかな。避けたいのかな」

と彼女はいう。彼女との話はこれまでで、丁重に礼をいって別れる。

きょうの取材はここまである。これ以上、ここにいると日没までには家に帰れない。次回は行っていないみらい棟を取材することにする。


わたしが六月四日に県立医大へ行くと大越良二に伝えると、その日、前立腺がんを手術した際に撮った写真が県立医大にあり、それを取りに行くというので、双方で時間を調整し、一一時半、みらい棟一階のフロアで会おう、ということになった。その棟の二階には県民健康管理センター甲状腺部門がおかれていたので、わたしはそこへも行くことにし、いつものように質問事項を書いたペーパーを用意し、再び、車で福島市光が丘にある福島県立医科大学附属病院へ向かった。

一〇時三四分、附属病院に到着し、わたしはみらい棟二階へ直行する。廊下の壁際にはベンチがおかれ、子どもを含めて三〇人ぐらいの人たちがすわっていて、すわる場所はなかった。そこにいた人たちはきぼう棟とはちがい、若い女性たちと子どもたちである。何科を受診するかはわからないが、この階には被曝と関係のある甲状腺・内分泌診療センターや腫瘍内科、生殖医療センターなどがある。さっそく、子どもの人数を数えると、一四人で、小学校低学年の子どもが三人とあとは幼児である。乳母車でやってきた母親や赤ん坊を抱いた母親が何人もいた。わたしが見て歩く。診察室前の待合室には三〇人ぐらいの人たちがいて、そのうち八人が子どもである。わたしが見た二階のフロアの印象は、患者でいっぱい、ということになる。

一階におりる。そこは広い待合室になっていて、三二人がすわっていた。兄弟と思われる小学四年生か五年生ぐらいの男の子が二人、四角いビニール製のベンチの上でじゃれ合い、ほどなく母親と思われる女性がやってきた。二人の子どもは屈託がなく、一見、無邪気なように見えた。その子たちが病気でないことをわたしは切に願う。

わたしは原因不明による免疫不全の病気で初孫の男の子を亡くしている。名前は滉生《こうせい》という。わずか三年と三日の命であった。東京都世田谷区にある国立成育医療研究センターで誕生し、医師同伴で一日帰宅したが、一度も退院することはなかった。常に管で酸素を肺へ送り、母乳すら飲むことはできなかった。生涯唯一の味覚は、一度使った歯磨き粉の味であった。何度も窒息状態に陥り、苦しみの人生だった。そのようなことから、わたしは子どもの苦しむ姿を見たくない。いま問題になっている親による子どもへの虐待に関するテレビや新聞のニュースは見ない。その場にならなければわからないが、仮に原発由来の病気で苦しむ子どもと出会っても、その子への取材は辛くてできない、とわたしは思っている。

一〇時五二分、大越から「今、泌尿器科にいます」とメールが携帯電話に入ったので、わたしはすぐにきぼう棟の二階へ移動する。この階には泌尿器科、副腎内分泌外科、血液内科、皮膚科などの診察室があり、待合室には中高年の男女の患者がたくさん診察を待っていた。そこで大越と会い、彼のとなりにすわった。

すい臓がんと前立腺がんの疑いがあることはすでに大越から聞いていたが、前立腺がんの手術をしていたことは知らなかった。甲状腺と前立腺のがんになったのは原発の事故に由来する、と大越は考え、甲状腺がんの手術のとき、因果関係を明らかにするため摘出した組織を返してくれるように病院に頼み、それを入手して組織の放射線量を調べたことはすでに書いた。大越は前立腺がんの手術でも摘出した組織を病院に要求していたのだ。

「いつ手術したんですか」

「今年の四月です」

つい最近である。知らなかった。大越はそのことを報せてこなかった。

前立腺がんの手術は、ダビンチという名のロボットで行われ、入院したのは十日間だった、という。大越は高齢であることから、経過観察によってやりすごす方法もあったが、三カ月ごとの定期検査が面倒なことと、浸潤と転移のおそれがあることから、ステージ1の段階で前立腺がんの手術に踏み切った。

わたしは高校教師の渡辺紀夫に原稿の加筆修正をお願いしていたが、遅れたことに対して、体調がすぐれず、と手紙に書いてきた。大越も渡辺も甲状腺がんの手術後、体調は思わしくない。二人とも被曝しなければすこやかな生活を送っていたはずである。

「先だって、この病院の案内係の人に福島の人たちは、被曝して病気が増えた、と実感を持っているんでしょうって聞いたら、そう思います、と答えているんです」

「みんなそうなんだよね。それを自然死だという」

被曝ではない、と県立医大の医師はいう、というのだ。

小児甲状腺がんに関しても、二〇一六年の福島県県民健康調査検討委員会の中間とりまとめの報告書で「福島第一原発事故後に放射線による影響で子どもたちに甲状腺がんが増えているとは考えられない」としている。大越が話を続ける。

「緑川説によれば、甲状腺がんはいったん大きくなって、あと八年ぐらいすると、がんは成長しなくなって、そのままいって再発しないやつも多い、というんです」

緑川は甲状腺がんについて心配する必要はない、というのだ。

緑川の名前が唐突に出てきたので、家に帰ってインターネットで緑川某について調べてみると、県立医科大学の准教授で、緑川早苗という名の女性医師であることがわかった。福島県で甲状腺検査が開始された二〇一一年一〇月から現在に至るまで、検査の現場に立ち続けた臨床医だ、と資料にした記事にはある。これまでエコー検査は技師がやった、とわたしは考えていたが、医師もそれに従事していた。記事の見出しはこうである。


「福島の子どもは、大丈夫です」—甲状腺検査の現場から

早野龍五×緑川早苗／服部美咲

早野龍五は東京大学名誉教授で、記事は対談形式で書かれ、それが行われたのは二〇一七年七月である。対談をまとめたのがフリーライターの服部美咲で、記事を配信したのはシノドス国際社会動向研究所である。早野が緑川に向かってこういう。

そもそも福島で、初期被曝線量が非常に高いという子どもは見つかっていなかった。とりわけ、飯舘と川俣のデータは住民登録されている子どもの約30％を測定しています。

と早野はいったが、わたしは何度読んでも何をいっているかわからなかった。ライターの服部美咲の書き方が悪いわけだが、それはひとまずおいて、記事を読み進める。緑川が早野に向かっていう。

そもそも甲状腺がんの特徴として剖検（他の要因で亡くなった人の死後解剖検査）をしたら、とてもたくさん見つかるということがあります。これはつまり、「生涯にわたって、自分に甲状腺がんがあることを知らないまま、普通に生活を送っている人が、とてもたくさんいる」ということです。

緑川早苗は甲状腺がんなど心配しなくていい、というが、二〇一九年四月五日発信のアワープラネットTVの情報によれば、一六九名の子どもたちががんの摘出手術を受けていた、とあり、ほとんどが福島県立医科大学附属病院で行われた、と考えられる。緑川の説が正しければ手術の必要はなかった、ということになる。このことについて、東京大学名誉教授の早野龍五は「実際に手術を受けた方がおられる。これは、一人ひとりの方にとっては一生の問題です」といっているが、県立医大の緑川早苗は何もいっていない。手術を止めるように同じ大学の医師にいわなかったのだろうか。考えようによっては大問題である。

緑川は子どもを対象にした出前授業の中で「検査で見つかることのある甲状腺がんは、もしかしたら検査をしなければ一生気づかずに過ごしたかもしれません」と話している、という。緑川は山下俊一と同じようなことをいっていた。

そしてこんなことも緑川はいっていた。

精密検査（二次検査）をお勧めすることになっているB判定の方は、先行検査（著者注二〇一一年一〇月〜二〇一四年三月に実施され、対象者は約三七万人）で2000人以上おられました。ですが、実際に甲状腺がんと診断されたのはそのうちの5、6％でした。つまり、多くのB判定の方は悪性ではなかったということです。

と話し、二〇〇〇人以上という大雑把な人数をあげているが、それをもとに計算してみても約一一二人ががんになっていた、ということになる。小児甲状腺がんの発症率は、一〇〇万人に二人か三人といわれているのにこの数字である。これで安心しろ、といわれても安心はできない。福島県で被曝した人は少ない、との認識により、緑川早苗はこれまで学校で行われてきた甲状腺エコー検査は強制的だと批判し、対談をこう締めくくった。

福島の子どもたちは大丈夫です。それが、私が初めから信じて、なによりも守らなければならない言葉です。

はっきりしないいい方だが、いおうとすることはわかる。こういう医師がいること自体、わたしにとっては驚きである。

ここで三日前の六月一日付の東京新聞を紹介しよう。白抜きベタの大見出しは「原発事故 がんと関連否定」とあり、小見出しは「子ども甲状腺／福島県が3日に報告」とある。甲状腺検査で見つかったがんと被曝には関連性がない、と県が設置した専門家による部会で報告されるというのだ。関連性のない理由として「被ばく線量が高いとがんの発見率が上がるといった相関関係は認められない」からだ、という。これも何度読んでも意味がわからない。しかし、先の早野龍五の言葉を重ね合わせると、放射線量の高かった飯舘村や川俣町から甲状腺がんの子どもが出ていないので、原発事故と甲状腺がんは関連がない、というような解釈ができる。ただ、二〇一六年の時点で、川俣町では二名の甲状腺がんの子どもが出ている。早野はそれに気づかずに話した可能性もある。

六月一日付の東京新聞の報道を修正する記事が六月七日付の「こちら特報部」にのり、部会員による現時点での分析結果は「六十点」で結論はまだ、だという。要するに関連性がないと結論付けるのはまだ早い、と一部の部会員から意見が出された、というのだ。

話をいまに戻す。大越は一階におり、医務課で会計を済ませ、これから相談員の渡邉に会うというので、わたしは同席することにした。県立医大附属病院への質問をその相談員にできるかも知れない、と思ったからである。しかし、当初の予定では、ライターで、のちに放射線医学県民健康管理センターの広報担当に転じた田中成省を想定し、わたしは質問事項を書いてきた。福島県立医科大学々報によれば、田中は健康管理センターに所属し、特任教授になっていた。なぜ、そうなったのか、同じようなことをやっている身としては少なからず興味はあった。『ワタミの理念経営』（日経BPコンサルティング）を書いたライターの田中が、まったく畑ちがいの県立医科大学の特任教授になっていたからだ。

大越の先導でとなりにあるみらい棟へ移動し、先ほど行った二階で渡邉と会った。そこで名刺交換をする。渡邉美伊子の職名は医療ソーシャルワーカーで、名刺には社会福祉士となっていた。わかりやすくいうと相談員ということになりそうだ。渡邉に案内され、わたしたちは相談室に通される。渡邉を前にしてテーブルを挟んで大越とわたしが向かい合う。大越がやわらかな口調で切り出した。

「率直にいいますと、医師の方から、甲状腺がんのことを話すと差別されるよ、ということで口止めをされた、というんですね」

それは中島未来がいっていたことで、同じようなことは写真家の飛田晋秀もいっていた。小児甲状腺がんが社会問題にならないように、医師は口止めをした、と大越は思い、それでいった。わたしも同じ意見である。そこで彼は医師の名前をあげて事実かどうかの確認をとってくれるよう、渡邉に頼んだ。

大越の話が終わり、わたしは自己紹介をして、なぜ、被曝のことを取材したかを話し、用意してきたペーパーを見ながら渡邉に対して最初の質問をした。

「まずお聞きしたいのは、甲状腺がん及び疑いのある人の人数をお聞きしたいんです」

県民健康調査課の課長、鈴木陽一は県議会で「二三三人すべてが甲状腺がんだった」と答弁しているが、わたしは現在の人数をたずねた。

「甲状腺のことについては、甲状腺の外来のほうで数を把握していると思いますけど、こちらのほうでは全体把握までは行き届いておりません。確実に情報提供をするには、各診療科のほうに確認してからお伝えする形になるんですけど」

「渡邉さんが調べていただければ、回答ができるわけですね」

「そうですね。確認させていただき、ちょっと繊細なところもありますので、患者様、ご家族の利益を最優先にして」

渡邉はさっそく防御態勢に入った。

「だけど、患者の名前を聞くわけではないから、人数がわかればいいわけですよ。それで取材を断るのであれば、その理由をいっていただきたいわけです」

「メモを持ってきてもいいですか」

渡邉が退席し、メモを持って戻ってきたので、わたしは用意してきた質問事項を読み上げ、資料を見せながら質問事項を説明し、のちに回答してもらうことにした。そして質問事項を書いたペーパーと持参した資料を渡邉に渡し、渡邉がそれらをコピーした。

これできょうの用事は終わり、大越と昼食をともにし、帰路についたが、家まで一〇数キロの越谷市で日没となり、小さな公園の近くで二度目の車中泊となった。

特任教授、戸井田淳

翌日、渡邉がわたしの質問に答えてくれると思い、附属病院に電話をしたが、電話口に出てきたのは戸井田という名の男性で、ライターだった田中成省ではなかった。さっそく、ネットで戸井田を検索してみると名前は淳で、放射線医学県民健康管理センターの特任教授となっていた。田中もそこに所属し、特任教授だったので田中は辞めたのかも知れない。戸井田はけっこうさばけた男で、よくしゃべり、歯切れがいいので言葉は聞き取りやすい。声の様子から五〇代か六〇代と思われる。

「質問事項を書いたペーパーは渡っていますか?」

「きのう渡邉さんからいただきました。非常によくわかりましたんですけど、どういえばいいんですかね。いいですか、いま電話でちょっと」

話が長くなりそうだ、という。願ってもないことである。わたしは「はい」と少し大きな声で答えた。

「実際のところ、お答えづらいですね」

と戸井田は最初からこういうが、答えづらい質問は一つしかない。それは最後の質問で、少々意地の悪い質問をしていた。

戸井田がまず県民健康管理センターの役割について話した。福島県立医科大学が福島県から委託を受け、県民を対象にした健康調査を実施している、という。上下関係でいえば県が上になる。

「ご存知のとおり、外部委員による検討委員会というのが、大体、年に四回ぐらいやっているんですね。それで甲状腺だけが、特化していて評価部会というのがございます。おとといかな」

「そうですね」

「月曜日にやっているんですね」

そのことについてはすでに書いた。

「それで福島県のホームページの中に解析資料とか、データは全部公表されているんです」

戸井田がいうには県のホームページを見れば、知りたいことはわかる、という。しかし、真実を物語るデータは公表されていない、とわたしは思っている。

そして戸井田はこう話を続ける。

「それ以外のですね、結局、内部のデータについては、まあ、小笠原さんなら、どういうふうに感じるか、なんですけど、やはり、まあ、公共の大学としては一番大きな点は、個人のですね、プライバシーっていうか」

渡邉と同じように戸井田は早々に防御線をはり、こういった。

「拒否するわけではないんですけど、当事者もいるわけですから、こういう質問をされたから、こうですよ、とすぐにお答えできかねる部分が多いんですが」

質問事項の中に被曝した人のプライバシーにふれるような質問はないが、予想された展開ではある。微妙な内容の質問なので、わたしとしてもすぐに回答をしてくれるとは思っていない。こうなると戸井田淳を相手にどれだけこちらが聞きたいことを聞き出せるか、すべてわたしの力量にかかってくる。戸井田がいう。

「東京新聞がのせた山下教授の関係ですね」

戸井田が一番答えづらい質問の話をした。

「それについてですね、あの、何ていうか、ぼくらがですね、どうこうですね、あの、小笠原さんとしては聞きたいところなんでしょうけども、ぼくらが答えられるですね、立場にないというか」

よくしゃべる戸井田が、山下俊一の話になると、とたんにしどろもどろになった。なにしろ、山下は非常勤ではあるが、福島県立医科大学の副学長の職にある。

「ええ」とわたしが努めて冷ややかに応ずる。

「まあ、あれが事実かどうかという問題についても、東京新聞はそう書いているけど、何ていうんでしょうかね、どうだかわからない部分もあるので。それについての感想をですね、お聞きしたいところではあるんでしょうけど」

「へへへ」とわたしは小さく笑う。

「わかるでしょう」戸井田がわたしに同意を求めた。

「わかります」わたしが大きな声で答える。

わたしは田中宛でこんな質問をしていた。

⑩ 次におたずねすることは山下俊一先生のことです。二〇一九年一月二八日付の東京新聞によれば、二〇一一年三月二一日に行われた市民向けの講演会で「放射能の心配はいらない」「ニコニコ笑っている人にはきません」と発言し、同日オフサイトセンターでは放医研の職員と経産省の職員に対しては「深刻な可能性がある」と発言しています。この記事をどう思いますか。ご自身の感想をおっしゃってください。

わたしが質問する。

「県立医科大学附属病院へ行きますと、受診者が多いわけですね。以前は予約制をとっていなかったわけです。みらい棟ができて患者が増え、予約制をとるようになった、と聞きました。現実にも大変な数の患者さんがきているわけです。これを見て原発事故に由来する病気が増えた、と感想を持つのはごくふつうだと思うんですが」

戸井田は患者が増えたことについて強く否定した。理由として千葉県や首都圏とちがって福島県内には拠点病院が少ない、というのだ。そしてこういう。

「みらい棟の渡邉さんがおられるフロアだけじゃなくて、ぼくは第三内科に通院しているわけですけど、もう震災前からですね、すごい患者数ですから」

原発の事故で患者が増えたわけではない、と戸井田は力説する。しかし、みらい棟ができて患者が二倍になった、と警備員はいっていた。病院が予約制にしたのは患者が増えたからだ。福島県立医科大学附属病院は、被曝患者を治療するための日本で最大のナショナルセンターである。実際、二〇一六年八月に高度被ばく医療支援センターと原子力災害医療・総合支援センターに指定されている。だからこそ、被曝したと思った人が受診したのだ。

「小笠原さんからもらったペーパーの中に、こういうのが増えているというのがありましたけど、あれ、わたし、どこかのチラシで見たことがあるんですけど」

それは化学者の落合栄一郎による表で、わたしはレセプトのデータを使ったのではないか、と思っている。

それについて戸井田はこういった。

「でもね、本当かどうかわかりませんけど、ただ、震災後から増えているというのはわたし、ないと思うんですよ。もっと前から多いんですよ、ここは」

と戸井田は再度、患者の数について蒸し返したが、すでに記したように原発事故の前とあとでは原発事故に由来すると思われる、がんや白内障や脳溢血の病気の患者が急増している。

「レセプトを見れば、どんな病気が増えているかがわかると思うんですが、それを公開することはできないんですか」

わたしがやんわりといった。強くいえば、取材を拒否されるからだ。

「ちょっとそういわれてもあれですけど、多分、公開しないと思いますよ」

増加する様々な病気　―福島県立医科大学附属病院の記録

	2010年	2011年	2012年
白内障	150（100%）	344（229%）	340（227%）
狭心症	222（100%）	323（145%）	349（157%）
脳出血	13（100%）	33（253%）	39（300%）
肺がん	293（100%）	504（172%）	478（163%）
食道がん	114（100%）	153（134%）	139（122%）
胃がん	146（100%）	182（125%）	188（129%）
小腸がん	13（100%）	36（277%）	52（400%）
大腸がん	31（100%）	60（194%）	92（297%）
前立腺がん	77（100%）	156（203%）	231（300%）
早産・低体重出産	44（100%）	49（114%）	73（166%）

落合栄一郎氏（福島第一原子力発電所事故による健康被害）より

レセプトが公開されれば、原発の事故後どんな病気が増えたのかがはっきりする。附属病院は公立の病院で、公開してもプライバシーにはふれないわけだから公表すべきだ、とわたしは思っている。

わたしが確認のために質問する。

「東京新聞が書いた専門部会の記事の中で『被曝線量が高いとがん発見率が上がるといった相関関係は認められない』と書いてあって、それがよくわからないんです」

「いろいろ分析した結果、被曝線量が高ければ、甲状腺がんが増えるか、というとそうではない、ということです」

この説明でやっとわかった。早野龍五のいっていることと一致する。先にも書いたが、早野は例として飯舘村と川俣町を出しているが、二〇一六年三月三一日の県の発表によれば、被曝線量の高かった飯舘村では小児甲状腺がんの患者は出ていないが、川俣町では二名出ている。早野が気づかなかったか、あるいは表を見誤った可能性がないとはいえない。ともあれ、戸井田の説明で意味がはっきりし、わたしが書いたことはまちがっていなかった。

先のことを理由に大方の部会委員は被曝と甲状腺がんは関連しない、としたようだが、そう結論付けるのはまだ早い、という部会員がいたことはすでに書いている。

「小児甲状腺がんは一説によれば、一〇〇万人に二人か三人しか出ない、といわれているわけじゃないですか」

「う〜ん」

「現在、二〇〇人を超えているというのは事実であるわけでしょう」

わたしが甲状腺がんの患者の数を確認した。質問事項にも書いていたことである。

「疑いも？」

「そうです。それはまちがいのないことで」わたしが迫った。

「うん」

戸井田は甲状腺がんと疑いのある人が二〇〇人以上いることを認めたが、わたしは現時点での正確な人数をたずねていない。近頃こういうことが多くなった。最後の詰めが甘い。それと質問事項には経過観察の人数もたずねるようになっているが、それも聞いていない。

「これだけ増えたということは、大変由々しきことじゃないですか」

「それについてですね、やはり、評価部会のときに記者会見で、記者から同じ質問が出され、言葉はわたしの言葉ですが、部会長は早期発見しちゃっている部分があるな、と。それからいまいわれている過剰診断。過剰診断の可能性の部分もあるのかなァと」

これでは何をいっているかわからないが、過剰診断を調べるとはっきりしてくる。インターネットでそれを調べると、こう解説していた。

がん検診はがんによる死亡を防ぐことを目的に、がんによる症状が発現する前に発見し治療するために行われる。がんは放置しても致死とならないがんも一定割で存在する。がんが発見された人が高齢であったり、重篤な合併症を有する場合、治療することは受診者にとって不利益につながることから過剰診断と呼ばれている。

緑川早苗の説に近いことが書かれ、がんを放置しても致死にいたらないがんがある、という。しかし、すでに書いたように福島県立医科大学附属病院で小児甲状腺がんの手術が行われていたし、肺へ転移した女性もいる。外界と遮断した病室で過酷なアイソトープ治療を受けた子どもたちもいた。それとアワープラネットＴＶによれば、県立医大の鈴木眞一教授が執刀した一二五例のうち四例を除く一二一例が腫瘍またはリンパ節に転移した、という。また、子どもの甲状腺がんは進行が早い、といわれている。解説でも致死にいたらないのは一定の割合といい、すべてというわけではないし、その見極めはむずかしい。それだけではない。断言はできないが、解説では小児甲状腺がんは想定していない。高齢者や重篤な合併症を有する患者としている。また、がんが確定したら、面倒な定期検査を受けなければならない。緑川がいう「福島の子どもは大丈夫です」とは絶対にいえない。

従来、検討委員会は小児甲状腺がんが増えたのは「甲状腺超音波エコーの精度が向上したことによる過剰診断（スクリーニング効果）」としてきたが、岡山大学の津田敏秀教授らによって反論された。そのことがあったので、致死にいたらないがんもある、と検討委員会はいい始めたようだ。医師の近藤誠もがんは放置したほうがいい、といっているが、そのことを県立医科大学でいい出したのは緑川早苗ではなかったのか。因みに検討委員会のホームページを見ると、医大関係者の席に緑川の名前があった。そして先ほど戸井田が「いまいわれている過剰診断」といっていたことも緑川と無関係ではなさそうだ。

戸井田は電話の最後で「約束はできないが」と前置きをして、原発の事故により病気が増えたか、どうかがわかる資料を出してもいい、といった。条件はつけられているが、広報がこんなことをいうとは思わなかった。そこで戸井田とはどんな人物なのか、さらにネットで検索すると、福島民報社に勤め、役員待遇となった元新聞記者であることがわかった。それ以前の広報担当はライターの田中成省である。となるとマスメディアから福島県立医科大学を守るために大学は、取材の方法をよく知っているライターや新聞記者を広報担当として採用した、と考えられる。

わたしは関久雄にすすめられて原発を肯定している人からも話を聴いてみたい、と思っていたが、こうして戸井田と長々と話していると、彼がその人のように思えてきた。

六月一八日午後二時半、わたしは福島県立医科大学へ電話をしたが、戸井田は不在であった。三日後の二一日に電話し、ようやく彼と話すことができた。わたしはすぐに資料の話を出した。提出された資料から原発の事故に由来するような病気が増えていない、となっていたら、わたしの予想は完全に外れ、本の出版はない、と思っている。それだけわたしにとっては大事な資料ということになる。

戸井田がこう答える。

「それはですね、小笠原さんのほうで誤解があったかと思いますけど。病気の関係ではなくて、利用状況とか、そういうのがあればと思ったんですけど、何かいまのところはなさそうで」

戸井田がいう資料とは、利用状況を示す患者の数だという。わたしが求めているレセプトではない。自分の説を証明する資料ということになるが、それについても、病院は年度ごとの患者数の増減を把握していなければならないので、資料がない、ということは絶対にない。

「患者が増えた、というデータはあるんですか?」わたしがたずねる。

「そういうものが、あればと思ったんですけど。あのあと、ちょっとそこまではいっていないので」

調べている途中だという。

「そうですか。レセプトは必ずある、と思うんですけど」わたしが食い下がる。

「う〜ん」と戸井田は唸った。困ったときに唸る。

「レセプトを見せていただけると、病気の推移がわかると思うんですけど」

わたしがもっとも入手したいのがレセプトである。はっきりいえば、あとは何もいらない。

「どうなるかわかりませんけど、そういうものがきちんとお知りになりたいということであれば、質問状みたいな形で出していただき、その上で出せるか、出せないか判断するのが組織上の決まりになっていますが」

と戸井田はいい、メールアドレスを送ってくれれば、こちらから所定の質問状を送るのでそこへ質問を書き込んでくれ、というのだ。

そこでわたしは次のようなことを書いて戸井田宛にファックスを送った。

取材のご協力に感謝いたします。質問事項の用紙みたいなものがあるそうですが、前もってこちらの要件をお伝えします。

①電話でもお伝えしましたように一番見せていただきたいのは、震災前の二〇一〇年から直近にかけてのレセプトでございます。必ずあるはずですのでお願い申し上げます。

②プライバシーにはふれないと思い、おたずねします。現時点で小児甲状腺がんと確定した人の数と疑いのある人の人数を教えてください。

③ただいま経過観察の人は何人ですか。

④山下俊一先生の東京新聞の記事で、誤りがあるとおっしゃっていましたが、それはどこでしょう。

わたしは戸井田からのメールを待ったが、いくら待っても返事がこないのでおかしい、と思い、自分のメールアドレスを確かめるとまちがいがあった。そこで七月五日、わたしは正しいアドレスを書いたファックスを戸井田に送るとすぐに取材申込書が送付され、④の山下俊一に関する質問の回答がメールで寄せられた。それにはこうある。

さて、質問の④ですが、山下俊一先生の東京新聞の記事について、私が電話で、誤りがあると言った、とお書きになっていますが、それは誤解です。小笠原さんに、そう聞こえたとしたら、私の言い方が不十分だったということです。申し訳ありませんでした。

今回の東京新聞の記事について、誤りがあるとか、ないとか、私には、言う立場にはありません。「東京新聞は、そう書いている」ということだけです。私の立場としては、ここのところは、よろしくご理解いただきたく存じます。

戸井田淳

そのままを紹介したが、わたしはこれについてコメントするつもりはない。

わたしは取材申込書に必要事項を書き込み、七月六日、それをファックスで戸井田に送った。申込書には主な質問事項を書き込む欄があるので④を除いて、レセプトのことなど三点についてたずね、電話で戸井田さまのお人柄にふれ、ご尊顔を拝したい、との手紙をつけた。そして七月八日、戸井田から次のようなメールが送られてきた。


誠に申し訳ありませんが、取材申込書を提出したからと言って、取材に応じる、回答するという訳ではありません。回答できるかどうか、内部での検討が必要になります。よって時間がかかります。結果、回答できません、ということもあります。しばらく時間をください。

戸井田淳

そのメールに対して、「わかりました。よろしくお願いいたします」と返信した。

七月八日に戸井田からメールがきて、二週間以上が経った七月二三日、ようやく、彼からメールで回答があった。わたしがもっとも知りたかったのはレセプトであったが、戸井田がこう回答した。

病院のレセプトは個人情報にもかかわり公開することはできません。

このことは戸井田が送ってきたメールによって予想されたことである。しかし、レセプトはどう考えても個人情報ではない。だからわたしはたずねた。

附属病院では毎年「病院年報」を発行し、患者数や手術の件数を公表しているのでホームページを見てくれ、と戸井田はメールしてきた。わたしが必ずある、と思っていた資料である。それを紹介する。

震災の前年の患者数は、一五三七名で、震災の年は一四六八名とむしろ減っている。二〇一二年は一四六五名で、翌年は一四五五名である。ほぼ同じ患者数で推移し、公表されている直近の二〇一七年は一四五六名である。戸井田がいうように震災前から現在まで患者の数はほとんど変わっていない。原発事故により患者が増えた、とわたしは書いたが、それはまちがいであった。早朝、あまりにも受診者が多いので見誤った。いまにして思えば、老人が多くいたので整形外科の患者のようである。冷静さを欠き、ルポライターとしては失格である。戸井田は自分がいっていることが正しい、とわたしにわかってもらうために病院年報を読むように薦めたようだ。

次に小児甲状腺がんの患者数だが、二〇一九年七月八日、第三五回の検討委員会で配布された資料にそれが掲載されているのでホームページを見てくれ、とメールしてきた。さっそく、それを見る。

悪性ないし悪性の疑いのある判定数は二一八人で、そのうち手術したのは一七四名になっていた。鈴木陽一が県議会で答弁した人数は、二三三名すべてが甲状腺がんだったといっているので、その人数よりも一五人少ない。どっちが正しい人数だというのだ。

最後の質問は経過観察となっている人の数で、戸井田はこう回答してきた。


甲状腺がんの経過観察については、患者によって「今は手術を希望しない」「手術はタイミングを見て受ける」「手術をするのを待っている」など、個人情報であるため、人数を把握するのは困難ですので、ご理解ください。


とある。

ここでも個人情報を持ち出したが、これも個人情報の問題ではない。それと経過観察と判定したのだから、その数字を発表すればいい。拒む理由になっていない。

長くなった。戸井田とのやりとりはこれで終わりにしたい。

話は前後するが、五月二七日、千葉親子に対して被害者の家族とどうなったのか、取材を拒否するのであれば、理由を教えてほしい、とメールし、その日に返事がきた。メールの文面は次のとおりである。

会員の方に周知し、また、それぞれ個々にもお伝えし、取材可能な方の協力をお願い致しました。皆様お仕事等の日程の関係とか、また、取材などはどうしても受けたくないとかで皆様お断りのお返事となりました。

千葉は取材拒否ではない、と書き添えてきたが、わたしは被害者の家族から拒否された、と理解した。断ってくるまで時間がかかったのは、被害者の家族がわたしの原稿を読んでいたため、とわたしは推測し、断ってきた原因は、わたしの原稿に説得力がなかったか、それとも被害者が声を上げる環境にない、そのどちらかだとわたしは思った。深追いをするのはわたしの流儀ではないので残念ながら諦めるしかない。

結局、わたしは『チェルノブイリの祈り』に書かれていたような悲惨な話を聴くことはなかったが、わたしにとっては幸運なことだった。チェルノブイリのようなことは書きたくないからだ。

いまチェルノブイリで起きたような話が被曝地にあるのか、それともないのか、何ともいえないが、それを話す社会的環境がないことだけは確かである。

最後に

損害賠償訴訟に備えて

いまの病気が東京電力福島第一原子力発電所の事故に由来する、と立証するための条件は何かについて宿題となっていたので最後に書くとする。その目的は被曝者が国と東電を相手に損害賠償訴訟の請求を起こすためである。

その病気のことだが、一番わかりやすい例は、仙台市沖で被曝した空母ロナルド・レーガンの乗組員の場合であろう。彼らは同じ時期、ほぼ同じ放射線量を浴びて、さまざまな病気になっているのでわかりやすい。わたしはそれを参考にして立証の条件を考えることにした。

立証の条件はいうまでもなく、原告が被曝している、ということである。問題は被曝線量の限度で、国際放射線防護委員会が提示する年間1ミリシーベルトを採用し、線量がそれ以上であれば被曝した、とするべきである。しかし、放射線に安全量はないことと、原子力産業の影響下にある国際放射線防護委員会の基準を持ち出すべきではないし、そもそも被害を受けた側が被曝の条件を提示するのはおかしい、といった意見はあるにちがいない。それはもっともだが、基準を出さなければことが始まらないので出したにすぎない。

この件でいえば、被曝線量の限度である年間1ミリシーベルト以上の場所にいたことを原告は証明しなければならないが、それはそれほどむずかしいことではない。原告が線量の高い場所にある事業所に勤務していたとすれば、事業所がそれを証明してやればいい。原告が住んでいる場所については、住民票で証明できる。居住地と勤務地の線量については、山田國廣が書いた『初期被曝の衝撃』に各地の放射線量が書かれているのでそれが使える。

どのような病気が原発事故に由来するかについて、参考になるのは、やはりロナルド・レーガンの乗組員の病気である。『初期被曝の衝撃』によれば、一番多いのが呼吸器系疾患で、乗組員四八四三名中、九三一名が罹患し、次に多いのが消化器疾患で、七二二名で、三番目は男性のみで二四七名が泌尿生殖疾患になっている。具体的な病名を挙げると、急性リンパ球白血病、甲状腺がん、乳がん、精巣がん、脳腫瘍、甲状腺障害（バセドウ病）、視力障害などだが、放射能はあらゆる病気を引き起こすのでこれらにはとどまらない。これについては被曝のことを研究している学者か医師に提示してもらうしかない。

甲状腺がんは白血病と同じように被曝によって罹患する病気といわれ、特に小児甲状腺がんは一〇〇万人に二人か三人といわれているので厳格な条件はつけずに原発事故に由来する病気とすべきである。

いまの病気が原発の事故の前になかったことを証明する必要があるかも知れない。しかし、人によっては定期検診を受けていない人もいるので必須の条件ではない。あるのに越したことがない、といった程度である。

次に放射性物質が体内にあるか、どうかで、木幡ますみさんの飼い犬からストロンチウム90が検出された。それは自然界にないので被曝したことを証明する有力な証拠になる。人であれば、乳歯あるいは抜歯した歯からストロンチウム90が検出されれば、被曝していたことを証明できる。大越さんは被曝したことを証明するため手術で摘出した自分の組織を病院から返してもらい、放射性物質の有無を測定している。それと同じことをやればいい。

わたしのこの提言に対して、被告の国や東電は立証する条件としては甘すぎる、というにちがいない。それに対して教師の渡辺紀夫さんがいっていたことが使える。彼はわたしにこんなことをいっていた。

「国にはがんを見つけてしまった責任がある。原発事故であろうが、なかろうが、スクリーニング効果といおうが、いうまいが、国には将来を担う子どもたちを守る義務があるのです」

そうでないと被曝者は救済されない。そもそも国は国民を守る義務がある。それが国家の存立基盤であり、そのために国民は税金を払っている。そういうことから、子どもだけでなく、大人も守る義務があるのだ。

以上はわたしが考えたことだが、これはほんの叩き台でしかない。国や東電を相手にするからには医学者や法律家が一堂に会して、きちんとした理論を構築しなければならない、とわたしは思っている。

あとがき

こんな結末になるとはまったく予想しなかったが、何とか終わらせることができた。

福島県だけでなく、いま日本では以前にもまして、人々が異常なほどまわりの人に気を使い、いいたいことをいわない。これは民主主義にとっても、それぞれの人たちの精神にとっても、大変よくないことだ、とわたしは思っている。

本書はいうまでもなく記録である。どうしても後世に残しておきたいと思い、わたしは書いた。語り部がいて、わたしが書記になった。

福島県立医科大学附属病院の県民健康調査検討委員会のホームページによる発表では、福島県内で悪性及び疑いのある甲状腺がんの子どもたちは二一八人で、一七四人の子どもたちが手術を受けていたが、二〇二〇年二月一三日のホームページによれば、患者はさらに増え、悪性及び疑いのある患者は二七三人で、そのうち手術を受けた子どもは一八七人になっていて、その中にはがんが肺に転移した若い女性もいた。

小児甲状腺がんの予備軍である経過観察の子どもが何人いるかについては個人情報を理由に公表されなかったが、アワープラネットTVによれば、二〇一九年一〇月現在、三三九九人でさらに細胞診を行った経過観察の人は六二〇名としている。大変な数字であることはいうまでもない。それと経過観察の人が受診し、がんと診断されても、県はがん患者としてカウントしない。被害を小さく見せるためで、そのやり方は極めて卑劣である。今後はカウントすべきである。

郡山のある高校では生徒が三名、教師が一名、卒業生が一名、甲状腺がんだった。その高校から五名の患者が出ていた。これは大人を含めた甲状腺がんの患者の発症率が低いだけに驚くべき人数である。一〇〇万人に二人か三人といわれた小児甲状腺がんについて、なぜ、これほど増えたのか、原発事故以外の理由で科学的に説明できる人がいたらぜひ説明してほしい。

わたしが住んでいる東葛地域では三名の小児甲状腺がんの患者が出ている。しかも検査したのは、おおよそ一八三二人くらいである。福島県と同じように検査をしたら三名どころではない、と考えられる。

飯舘村では男の子が生まれにくくなっていた。原発の事故があった二〇一一年から二〇一八年の間で、本来、生まれてくるはずの四三名の男の子が生まれなかった。つまり死んでいたことになる。

福島県立医科大学附属病院では個人情報を理由にレセプトを公開しなかったが、化学者の落合栄一郎さんによれば、原発の事故後、二〇一一年から一二年にかけて白内障やがんなどの病気が増えた、と報告している。南相馬市立総合病院では二〇一〇年から二〇一七年までのレセプトが公にされ、原発事故に由来すると思われる病気が急増していた。これが厳然たる事実で、原発の事故が起きなければなかったことである。

今後、被曝の状況がどうなるかについて、わたしは何もいわない。事実を提示するにとどめる。

原発のメリットなど何もない。あるというなら、いってほしい。専門家でないわたしでもすぐに反論はできる。いや、原発に反対している人であれば、できるはずだ。それなのに国は原発を廃止しない。しかも日本は世界で唯一の被爆国である。

さらに国は東京オリンピックを利用し、原発事故がなかったことにしようとしてきたが、ここへきてとんでもないことが起きた。中国湖北省武漢市で新型コロナウイルスが発生、それが全世界に感染し、今後どんな展開になるか、わからない状況にある。ウイルスは人類の敵ともいわれ、新型コロナウイルスによって死者はどんどん増え続けているが、みんなが感染し（集団免疫）、近い将来、新薬やワクチンの開発によって必ず収束する。しかし、被曝はそうはいかない。影響は甚大で、次世代に及び、治療する薬がない。あえていえば、効果的ながんの治療薬を開発するしかない。それだけ被曝はおそろしい、ということになる。

国は新型コロナウイルスの影響によって経済的な損失を受けた国民と事業所に対して経済支援を行った。同様に被曝した人に対しても支援をすべきである。なぜなら国は原発を推進してきた責任があるからである。

政府は東電被曝をなかったことにするために、積極的に放射線量を測定しなかったが、新型コロナウイルスの検査でも不必要な条件をつけて、やらないようにした。前者は被曝者を、後者は東京オリンピックを開催するために感染者を、少なく見せるためである。政府の隠蔽体質は依然として変わっていない。

今後、政府は新型コロナウイルスの問題を前面に出して、被曝の問題をうやむやにするにちがいない、と思っていたら、さっそく原発を推進する学者たちが、新型コロナウイルスによって学校が休校になったのをよいことに、「甲状腺がんはおとなしく、死ぬまで悪さをしないがんなので、学校での甲状腺検査はやめたほうがいい」と主張し始めた。検査をしなければ原発の事故後、何が起きたかわからなくなる。この文章は五月二四日付の東京新聞の記事を参考にして書いたが、新型コロナウイルスにかこつけた例といっていい。そうさせないために、われわれは声を上げなければならない。そのためにわたしは「賠償訴訟に備えて」を書いた。

被曝の問題は、松戸市の市議会議員であるデリさんがいうように、環境問題である。イデオロギーの問題ではない。原発に反対している人も賛成している人も等しく被曝する。わたしはこのことを強くいいたい。

本書はいうまでもなく、わたしの取材を受けてくださった方々によって出来上がっている。ここに感謝を申し上げたい。ほとんどの方々は被曝し、そのうちの何人かは体調を崩されている。体にはくれぐれも注意され、今後のご活躍をわたしは期待する。

執筆中、常に自信のないわたしを励ましてくれたのが、市民運動家の沓沢大三さんである。ここに御礼を申し上げたい。

監修は環境学者の山田國廣さんにお願いし、快諾をいただいた。山田さんの講演を聞いたのが縁である。編集者は山田さんの講演に随行してきた風媒社の編集長・劉永昇さんで、講演後、一杯飲む機会があり、相性がいい、と思い、わたしは劉さんに原稿を持ち込んだ。ここでお二人に感謝を申し上げる。

表紙の絵はわたしがイメージを伝え、物語性のある絵を描き、旧知の間柄である津曲東和子さんが描いてくれた。御礼を申し上げたい。

最後に本書をお読みいただいた読者のみなさまに御礼を申し上げるとともに、本書を若い人に対して口コミで伝えていただきたい。これは筆者からのお願いである。

本書は平等の観点と文体から、失礼とは思いつつ敬称を略させていただいた。

最後に書いておきたいことがある。新型コロナウイルスが出現したのは地球の自然環境の悪化によるものだ、と学者たちがいっていることである。そうだとすれば、人類の滅亡は近づいている……。

本書はいままでにない混乱の時の船出となった。産みの親として本書の行く末を案じている。

二〇二〇年六月九日

［著者略歴］

小笠原和彦
1945年、秋田県生まれ。中央大学法学部卒業。千葉県野田市役所勤務、雑誌『市民』を経て、工場労働者、警備員などの傍ら執筆活動を続ける。著書『少年は、なぜ殺人犯にされたか』（発売・徳間書店）、『李珍宇の謎』（三一書房）、『宮﨑勤事件　夢の中』（現代人文社）、『少年「犯罪」シンドローム』『ニッポン人、元気ですか！』『霊園はワンダーランド』『学校はパラダイス』『出口のない家』『帰ってきた　かい人21面相』『刑務官 佐伯茂男の苦悩』（いずれも現代書館）、『美空ひばり　平和をうたう』（時潮社）、他。

装画・津曲東和子
装幀・澤口　環

東電被曝　二〇二〇・黙示録

2020年7月11日　第1刷発行　（定価はカバーに表示してあります）

著　者　　小笠原 和彦

発行者　　山口　　章

発行所　名古屋市中区大須 1-16-29
振替 00880-5-5616 電話 052-218-7808　風媒社
http://www.fubaisha.com/

＊印刷・製本／モリモト印刷　乱丁本・落丁本はお取り替えいたします。
ISBN978-4-8331-1135-5